智能材料

——科技改变未来

由 伟 编著

化学工业出版社

·北京·

内容提要

本书介绍典型的智能材料，包括：形状记忆材料、自清洁材料、自修复材料、阻燃材料、智能调温材料、智能调湿材料、变色材料、控释材料、释电材料等。本书兼具科学性和趣味性，结合很多身边的实例，让读者了解智能材料的特点、应用和未来的发展前景。书中充满了科学家的奇思妙想，有的令人拍案叫绝，相信读者在阅读本书后，一定会折服于科技的力量、创新的力量，会感叹"创意无限""学无止境"！

本书适宜中学生、大学生等读者阅读参考。

图书在版编目（CIP）数据

智能材料：科技改变未来/由伟编著. —北京：化学
工业出版社，2020.5（2023.4重印）
ISBN 978-7-122-36288-9

Ⅰ.①智… Ⅱ.①由… Ⅲ.①智能材料 Ⅳ.①TB381

中国版本图书馆CIP数据核字（2020）第032572号

责任编辑：邢　涛　　　　　　　　　　　文字编辑：李　玥
责任校对：王佳伟　　　　　　　　　　　装帧设计：韩　飞

出版发行：化学工业出版社（北京市东城区青年湖南街13号　邮政编码100011）
印　　装：北京七彩京通数码快印有限公司
710mm×1000mm　1/16　印张23　字数253千字　2023年4月北京第1版第3次印刷

购书咨询：010-64518888　　售后服务：010-64518899
网　　址：http://www.cip.com.cn
凡购买本书，如有缺损质量问题，本社销售中心负责调换。

定　　价：88.00元

前言

· Preface ·

智能材料被称为"聪明的材料""善解人意的材料""21 世纪的新材料",有的已经成功应用于工业领域以及人们的日常生活中。智能材料的发展会在很多领域引起一场科技革命,能够带动相关领域的技术创新,推动它们的发展和进步。由此,智能材料正在形成一门新兴的前沿交叉学科,具有广阔的应用前景,甚至能够在很大程度上改变人们的生活方式和工作方式。

本书介绍典型的智能材料,包括:形状记忆材料、自清洁材料、自修复材料、阻燃材料、智能调温材料、智能调湿材料、变色材料、控释材料、释电材料等。

本书具有下面几个特点。

① 内容新颖 介绍了当前最新、最先进的智能材料,包括它们的原理、特点、制备技术、主要应用领域,以及未来的发展趋势。

② 兼具科学性和趣味性 为了做到这一点,本书采取了三个办法。第一,尽量避免使用晦涩的专业术语,而是以通俗易懂的语言进行叙述;第二,文字和图片相结合——配置了大量的插图,

读者能更容易、更形象地了解相关内容；第三，列举了很多读者熟悉的身边的实例，以提高读者的兴趣。

③ 创新精神　本书的目的是向读者灌输创新精神，让读者了解创新的作用和力量，争取对读者的学习和工作起到潜移默化的作用，全书自始至终都围绕这个目的来写作。

在本书的写作过程中，作者查阅和参考了大量专家、同行的研究成果和资料，在这里对他们表示衷心的感谢，如果没有这些资料，本书是不可能完成的。

本书的内容涵盖面很宽，而作者的见识和水平又很有限，所以书中不足之处希望读者谅解并提出宝贵意见，以便将来加以改进和完善。

由 伟

2020 年 2 月 19 日

于京东燕郊

目录
· Contents ·

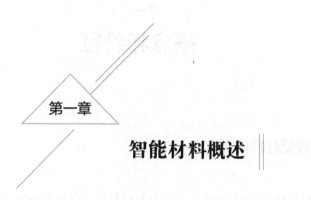

第一章

智能材料概述

— | 第一节 | —
概念和特征

一、智能材料的概念

智能材料也可以叫作"聪明的材料"，指具有一定的智能性，具有生物体的一些性质，比如有的具有自修复能力——产生裂纹后，能够自我修复，就像动物的皮肤一样；有的具有变色能力，像变色龙一样；有的具有自清洁能力，……

专业人士也把智能材料（intelligent material）称为机敏材料（smart material）、敏感材料、自适应材料（adaptive material）等，它能够感知外部刺激，并能对这些刺激进行分析、判断、处理，进而能够采取一定的措施进行响应。

平时，我们每个人几乎无时无刻不在看到和接触到各种各样的材料——比如钢铁、玻璃、塑料、陶瓷等。手机触摸屏是钢化玻璃、手机贴膜是一层塑料、汽车车身是用钢板制造的、衣服是棉或合成纤维的，一些人还会经常接触一些贵重的材料，比如黄金、钻石等。

　　这些材料中的大多数都属于传统材料，不能叫智能材料，因为它们不具有智能性：如手机掉到地上，屏经常被摔碎，需要换新的，而且无法"自愈"。

　　智能材料是一种特殊的材料，它具有传统材料不具备的一些智能性：如果用智能材料制造手机屏幕，即使被摔碎，过一段时间也可以自动恢复如初；如果用智能材料制造衣服，衣服可以永远保持清洁，而且能自动调节温度和湿度，让人们始终感觉非常舒适。

二、智能材料的特征

　　从智能材料的概念可以看出，和传统材料相比，智能材料具有以下几个显著的特征。

　　① 能感知外界环境的刺激，包括温度、湿度、压力、光线照射、腐蚀等。

　　② 能对受到的刺激进行分析、处理，判断它们对自己的影响。

　　③ 根据分析和判断的结果，能够主动或有意识地采取一些措施，比如调节自己的形状、尺寸或内部的微观结构，让自己具有特定的性质或功能，对外界刺激做出响应。

　　可以看到，这几个特征和生物体特别像，比如肌肉和皮肤：它可以感知外界的刺激——我们接触热水杯时，首先会感觉到它的高温，然后很快判断出它对我们不利，从而肌肉发生收缩，远离热水杯。

　　可以说，传统材料只能被动地接受命运的安排，自己不能掌握自己的命运：比如，当它们受到高温、高压、辐射、腐蚀性物质等侵害时，只能默默承受，乃至被毁坏。而智能材料却能感知破坏并主动采取一定的措施，改变自己的性能，甚至让自己具有一些新的性能或功能，从而达到趋利避害的目的！

智能材料的这种能力是生命体才具有的，是典型的智能性的表现，所以，智能材料是材料设计和制备技术的一大进步，它们使比较"笨"的传统材料变得"聪明"了、开始具有"生命"了。

随着智能材料的发展和应用，将来会出现如下的场景：手机被摔碎后，裂纹能自动恢复，碎片能自己生长起来，使手机完好如初。由智能材料制成的书籍，它们的表面就像树叶一样——水不会浸湿它们，只是在上面聚集成一个个水滴，轻轻一抖，就会掉下去！

曾有报道称，有人在某珠宝店不小心摔碎了一个翡翠手镯，事后被索赔 18 万元。假设地面的瓷砖是用智能材料制造的，这种事情就可以被避免：它能够探测到掉落下来的手镯，从而会改变内部的微观结构，变得很柔软——像棉花或海绵一样。那样，只会虚惊一场。

— |第二节| —
智能材料的起源和发展

智能材料起源于 20 世纪 30 年代。1932 年，一名瑞典人发现，金-镉合金有一种神奇的性质：它能记忆自己的形状。比如，在某个温度时，把这种材料制造成一个圆片，然后把这个圆片放到另一个低温环境里，并把它折叠成其他形状，比如一个方块；然后，如果重新对这个方块加热，当加热到原来的温度时，这个方块会恢复成原来的形状——圆片。这种合金叫作形状记忆合金，这是最早的智能材料。

20世纪40年代，即第二次世界大战期间，美国海军发现了另一种智能材料，叫磁致伸缩材料，并用它制造军舰的声呐系统。

20世纪50年代，人们提出了"自适应系统"（adaptive system）的概念，人们把它认为是智能材料最早的表述。

1963年，美国海军军械研究所的研究人员发现了镍-钛合金的形状记忆效应。后来，人们又发现了另外一些形状记忆合金，并应用于航空、机械等领域，最典型的应用是：1969年，美国的"阿波罗11号"登月飞船的天线就是用形状记忆合金制造的。

20世纪70～80年代，人们研制了电致变色玻璃等智能材料。

1988年，美国陆军研究工作室组织了首届"智能材料、结构与数学"专题研讨会，智能材料开始发展为一个独立的研究领域。

1989年，日本科学家高木俊宜教授正式提出"智能材料"的概念。从那之后至今，智能材料成为材料科学领域里一个重要而活跃的研究方向。

智能材料具有生命体的本质特征——智能性，所以，和传统材料相比，它的性能、功能发生了一个飞跃，产生了革命性的变化。有人把它称为继天然材料、合成高分子材料、人工设计材料之后的"第四代材料"，是材料科学与工程的前沿领域和重要发展方向之一。人们预计，它有可能在材料科学、机械、航空航天、电子、日用品等领域引发一次重大的技术革命。

— |第三节| —
智能材料的功能

一、感知功能

这是智能材料首要的功能，即它们能够感知外界的刺激，比如压力、温度、光照、腐蚀、电流、电压、磁场等。只有具备了感知功能，才能具有后面的其他功能。

二、信息处理功能

智能材料能对感知到的信息（即各种刺激）进行分析和处理，并且分析自己的状态，以决定是否采取相关措施。

自诊断属于一种信息处理功能，可以判断自身状态是否出现了异常。

三、反馈功能

智能材料会将信息的处理结果反馈给执行或控制程序，起到自诊断、自预警的作用。

四、响应功能

智能材料接收到执行或控制程序的指令后，会采取相应的措施，对感知到的刺激进行响应或反应。

响应功能主要通过自调节或自适应实现，就是根据其受到的外界刺激，主动调节自己的性能。当外界刺激消失后，智能材料还能够进行反向的自调节，使自己的性能恢复到初始状态。

材料的具体种类不同，这些功能的强弱也不同，包括灵敏度、及时性、幅度等。有的研究者认为，智能材料有七种功能；还有人认为，智能材料有两种或三种功能。本书作者认为，智能材料核心的功能有四种。

— |第四节| —
智能材料的分类

智能材料的种类有很多，按照不同的方法，可以把它们分为不同的类型。

一、按化学成分

包括智能金属材料、智能高分子（或聚合物、有机物）材料、智能无机非金属（或陶瓷）材料、智能复合材料等。

二、按性质或功能

包括形状记忆材料、自清洁材料、自修复材料、磁致伸缩材料、压电材料、智能流体、智能凝胶等。

这种分类方法不是特别严谨，这里列出的只是目前的一些类型，可以预计，将来还会出现很多其他的类型。

三、按几何特征

包括智能纤维、智能薄膜、智能微球等。

四、按具体产品

目前包括智能药物、智能混凝土、智能玻璃、智能纺织品、智能生物材料等。

从这方面看，将来的智能产品就更多了。

— | 第五节 | —
智能材料的应用领域

从 20 世纪 60 年代以来，智能材料在多个领域获得了广泛的应用。

一、航空航天

这是智能材料应用最早、也最典型的领域，即利用形状记忆合金制造宇宙飞船或卫星的天线。众所周知天线的体积比较大，而航天器内部的空间很有限，所以天线的运输是一个让人头疼的问题，一直困扰着研究者。形状记忆合金被研制成功后，就很好地解决了这个问题——这种材料的最大特点是可以记忆自己的形状：科研人员在天线的工作温度环境中，比如150℃时，用形状记忆合金制造成天线的形状。然后把它放到室温环境里，比如20℃时，把它折叠成一个很小的球团，装进宇宙飞船里。飞船发射进入太空后，把球团放到飞船外部，当外部的温度达到150℃，这个球团"记得"自己在这个温度下的形状是天线，于是它就会自动膨胀、展开，成为天线的形状。如图1-1所示。

(a) 用形状记忆合金丝　　(b) 冷却到低温，　　(c) 温度升高，　　(d) 形状完全恢复
　　制造的初始天线　　　　把天线捏成小团　　形状开始恢复

图1-1　用形状记忆合金制造的天线的原理

　　工作期满后，把天线拉回到飞船的船舱里，它仍记得自己在20℃时的形状是一个小球团，所以它就会自动收缩，变成一个小球团！

二、军事

　　据资料介绍，美国在研究一种具有自预警功能的智能材料，把它覆盖在飞机表面，能够探测敌方发射的雷达波，因此可以躲避敌方的监测，另外，这种材料还能探测到核辐射、X射线、激光等，从而能使自己及时采取相应措施，避免受到攻击和破坏。

　　有的智能材料还具有降噪、隐形等功能。据介绍，美国研制了一

种智能涂料,将其涂覆在潜艇表面,可使潜艇发出的噪声降低 60 分贝,这一方面使自己更隐蔽,不容易被敌方发现;另一方面,由于自己的噪声降低,使得潜艇探测敌方目标的灵敏度和效率大大提高了:所需的探测时间缩短为原来的 1/100。

三、医疗与健康

目前,智能材料在医疗与健康产业的应用主要包括两个方面:智能药物和智能人造器官。

① 智能药物　能够根据患者的病情,控制药物的释放时机和释放剂量,进行"因病施治"。有的智能药物甚至能起到自诊断、自预警和自治疗"三位一体"的作用。

② 智能假肢　这种假肢具有自感应功能,能使患者获得真实的触觉体验,而且动作更加灵巧、细腻,让使用者有"随心所欲"的感觉。

③ 智能假牙　和真正的牙齿一样,能够让人咀嚼,更重要的是,能让使用者感知到食物的味道。

四、建筑

很多人都看到过:建筑物表面的混凝土经常产生裂纹,这种情况非常危险,可能会引起严重的安全事故。为了防止这种情况发生,研究人员研制出一种"智能混凝土",它们具有自诊断和自修复功能:首先,它们能自己检测是否产生了裂纹;之后,如果产生了裂纹,它们会自动采取一些措施,比如释放一些化学物质,把裂纹粘接起来等。

五、智能电视

将来用智能材料制造的电视，可以让人们获得更多新体验。比如能闻到节目里美食的味道、能感受到冰天雪地的寒冷。更进一步，观众甚至能参与到节目中，比如自己喜欢的球星进球后，可以和他拥抱，甚至可以和俄罗斯总统普京掰手腕！

六、智能手机

用智能材料制造的手机具有多种功能：

① 不小心摔碎后，可以自动修复。

② 和智能电视一样，能够获得更好的体验。

③ 能成为一个微型的随身医生，随时监测用户的身体健康状况；或者能发出对身体有益的远红外线，随时起到保健养生的作用。

④ 去超市采购食品时，可以检测是否变质以及农药残留情况，甚至在购买珠宝首饰时，可以用来检测真伪。

⑤ 具有遥感功能,在网络购物时,也能监测到物品的品质、真伪等。

七、智能服装

用智能材料制造的智能服装具有多种功能：

① 能自动调节温度和湿度，从而成为真正的"空调服"。

② 具有自清洁作用，能够自动清除粘上的污物。

③具有自修复功能，不小心被划破后，它可以自动愈合，毫发无损。

④具有抗菌功能，能自动杀灭表面的病菌。

— | 第六节 | —

智能材料的研究内容

智能材料具有生命体的特征——智能，所以智能材料的研究内容核心是仿生，它包括两层含义：首先，模仿生命体的化学组成、微观和宏观结构，从而使智能材料具有类似于生命体的性质和功能；其次，还要在模仿的基础上，进行改进和创新，让智能材料不受生命体的一些缺陷的制约。

具体来说，智能材料包括以下几个主要研究方向。

一、化学成分设计

智能材料的功能在很大程度上依赖于它的化学组成，所以化学成分设计是智能材料最重要的研究方向之一。

比如，模仿树叶的功能设计自清洁材料时，一般都选择表面能低的化学成分，因为树叶表面的化学成分的表面能比较低，这样，水滴在上面才会形成一个个露珠（图1-2）。

图1-2 落在树叶表面的露珠

二、显微结构设计

显微结构也会影响材料的性能，最典型的一个例子是石墨和金刚石。石墨和金刚石的化学组成相同，但是性能却有很大的差异，原因就是它们的显微结构不同，如图 1-3 所示。

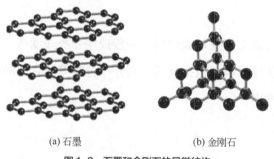

(a) 石墨　　　　　　　　(b) 金刚石

图 1-3　石墨和金刚石的显微结构

对智能材料来说也是这样。要想让智能材料具有特定的功能，设计好化学成分后，还要设计它的显微结构。

三、加工工艺

智能材料第三个重要的研究方向是加工工艺。如果说，化学成分设计和显微结构设计相当于描绘出的一个美好蓝图，那么要想把它们变为现实，就需要加工工艺来实现和保证。具体包括以下几个方面：

① 控制化学成分　首先是成分的准确性：化学成分越准确，波动范围越小，材料的性能越稳定、可靠；其次是杂质含量：杂质越少，性能越好。

② 控制显微结构　包括类型、尺寸、形状、分布形态等，这些因素都会影响材料的性能。

四、系统集成

在很多场合，智能材料需要和其他材料或部件组合在一起，构成一个智能器件或系统，这种器件或系统一般由下述几类材料构成。

1. 基体

基体主要起支撑或承载作用，一般选用一些强度高、硬度高、不易被破坏的传统材料，包括金属、高分子材料等。它们同时还能起到降低成本的作用。

2. 智能材料

这是智能器件或智能系统的核心，起到感知、信息处理、反馈和响应等功能。

3. 辅助材料

它们主要起辅助或配合作用，使智能材料充分发挥作用。常见的有导线、加热材料、加压材料等。

— | 第七节 | —
发展前景——智能时代的需要

从 20 世纪 90 年代以来，智能材料已经发展成为一个重要的研究方向，它和先进制造技术、电子技术、计算机技术等，一起构成了一个新兴的交叉学科。

目前，人类正在走向一个新时代——智能时代，可以预见，在将来，智能材料具有广阔的发展前景，一方面，它能够促进材料科学的发展，另一方面，它对相关技术和产业的发展也会起到不可估量的推动作用。

一、对材料科学的作用

智能材料是新一代的功能材料，它使原来"冷冰冰"的材料具有智能，变得"善解人意"，与使用者"心有灵犀"。

未来的智能材料可能还会具有感情，具有"思考"能力，能与人交流，会"察言观色"，对使用者关怀备至、体贴入微。甚至可以预见，未来，人类可以利用智能材料制造出生命。

所以，当前智能材料是材料科学的前沿研究领域，也是最活跃、最引人注目的研究领域，能够有力地促进材料科学的发展。

二、对其他学科的作用

智能材料的发展离不开其他学科的支持，比如化学、物理、机械、纳米技术、先进制造技术、信息技术、生物、电子、控制、甚至心理等，它们是相辅相成的关系，所以，智能材料的发展依赖于这些学科的发展，同时，智能材料的发展也会促进这些学科的发展。

随着研究的深入进行和应用领域的拓展，未来甚至有可能会形成一个类似于"纳米科技"一样的新的系统的学科——"智能科技"，它涵盖的领域如下所示。

$$
\text{"智能科技"} \begin{cases} \text{生物技术与脑科学} \\ \text{智能材料学} \\ \text{智能物理} \\ \text{智能化学} \\ \text{智能器件与系统} \\ \text{智能电子学} \\ \text{智能制造与加工} \\ \text{智能表征与计量技术} \\ \cdots\cdots \end{cases}
$$

三、在产业界的应用

　　智能材料最突出的特点是具有很强的应用背景，这也是它得以发展的基础。目前，研究人员仍在强化基础研究与应用研究相结合，同时将智能材料与其他领域的新技术相结合，比如 3D 打印等先进加工技术、纳米技术、生物技术、仿生技术、人工智能等，进一步深化和拓宽其应用领域。

　　智能材料有巨大的潜在应用前景，市场研究机构预测，2019 年，全球智能材料的市场规模将达到 422 亿美元，产品涵盖原材料、元器件以及终端设备和产品：原材料包括各种智能材料，如压电陶瓷、形状记忆合金、磁致伸缩材料等；元器件包括传感器、驱动器等；终端设备和产品包括智能药物、智能电子产品、智能电器、智能服装等。

　　目前，国内外都有企业从事智能材料和产品的研发与生产，如表 1-1 所示。

　　智能材料属于技术密集型和知识密集型产业，它有利于促进产业界创新意识和创新能力的提升。所以，相关企业都特别重视产品研发和知识产权的保护。

表1-1 部分智能材料领域的企业

企业	国家	产品
Saint-Gobain	法国	智能玻璃,如电致变色玻璃
Gentex	美国	汽车防眩目后视镜、电致变色玻璃
BOSCH	德国	智能传感器、探测器
紫光股份	中国	形状记忆合金医疗器械、温控元件
乐普医疗	中国	形状记忆合金医疗器械
有研半导体材料股份公司	中国	镍钛形状记忆合金
富士通	日本	磁致伸缩材料

四、深层次的启示

很多品种的智能材料是人们通过模仿生命体的化学组成、微观结构,使材料具备了智能化特征,这个过程和当年人们模仿蜻蜓制造飞机很像。所以,智能材料是人类认识自然、模仿自然、进一步超越自然的又一个经典案例,它为材料科学及其他学科的发展提供了新思路、新思想、新理论、新方法、新技术。

人类社会的发展在很大程度上依赖于材料的发展,回顾人类的发展历史,可以发现,每个重要的发展阶段几乎都伴随着材料的发展和应用。所以,新材料能够极大地提高人类的生产力,基于这一点,我们可以预言:智能材料也是如此,它也一定能促进人类社会的进一步发展,给人类的生产和生活方式带来革命性的变化。

五、未来的研究方向

目前,智能材料无论在基础研究,还是在产业应用方面,总体上仍处于初级阶段,未来还有很长的路要走。它未来的研究方向主要包括以下几个方面。

① 仿生学的深入研究，如生命体相关功能的机理研究，尤其是仿人智能技术的研究。

② 智能材料的研制，包括化学成分设计和结构设计。

③ 智能材料的制备和加工技术。

④ 智能器件和智能系统的集成。

第二章

能屈能伸的"大丈夫"
——形状记忆材料

— |第一节| —
概　述

一、概念

形状记忆材料（shape memory materials）在第一章介绍过，它是一种能够记忆自己形状的材料。如果在某个初始温度时，把它加工成一定的形状，然后把它放到另一个温度下，改变为另一种形状，当重新把温度改变到初始温度时，它会恢复到原来的形状。

人们把这种性质称为形状记忆效应。

二、起源和发展史

形状记忆材料第一次被发现是在 1932 年，一位瑞典人发现金-镉合金具有形状记忆效应。但是当时，这个发现并没有引起人们的关注。

1962 年，美国海军军械研究所的研究人员偶尔发现了钛-镍合金的形状记忆效应。当时，几个人正在开会，其中一个人手里拿着一根钛-镍合金丝，他无意地把它卷了起来，过了一会儿，这根金属丝碰到了他手里的香烟，他惊奇地发现：金属丝竟自动伸直了！

这个现象引起了大家的注意，研究人员马上进行了系统、严密的实验，最终证实，这是一个新发现。1963年，美国海军军械研究所正式宣布：他们发现了钛-镍合金具有一种神奇的性质——形状记忆效应。研究者在高温时，把钛-镍合金丝做成弹簧，然后把弹簧放进冷水里，把它拉直；然后他们又把合金丝放进热水里，这时，合金丝自动地恢复为弹簧的形状！如图2-1所示。

高温　　　　　　低温　　　　　　高温

图2-1 钛-镍合金的形状记忆效应

后来，人们又发现其他一些材料也具有形状记忆效应，包括合金、陶瓷和高分子等，分别被称为形状记忆合金、形状记忆陶瓷、形状记忆高分子（或聚合物），所有这些材料也统称为形状记忆材料。

三、应用

1969年，人们将钛-镍合金的形状记忆效应应用于工程实践中，最典型的实例是"阿波罗11号"登月飞船的天线。

后来，形状记忆材料的应用领域不断拓展，包括航空航天、机械、电子、自动控制、生物医疗、建筑、汽车、日常生活等领域。现在，形状记忆材料的应用范围仍在不断增加。

— | 第二节 | —
形状记忆效应

一、原理

1. 晶体和非晶体

材料都是由原子或分子组成的，如果材料里的原子按照一定的顺序规则排列，就称为晶体；如果混乱排列，就称为非晶体。如图 2-2 所示。

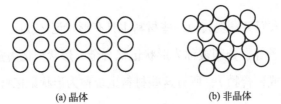

(a) 晶体　　　　　　　　(b) 非晶体

图 2-2　晶体和非晶体

平常我们看到的很多材料，比如钢、铝、铜等是晶体，玻璃、塑料等一般是非晶体。

2. 单晶体和多晶体

晶体可以分为两种：有的晶体，内部的所有原子都按相同的方向排列，称为单晶体；有的晶体，在内部的不同部分，原子按不同的方向排列，称为多晶体。如图 2-3 所示。

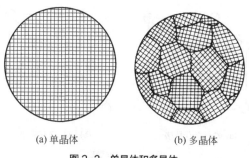

(a) 单晶体　　　　　　(b) 多晶体

图 2-3　单晶体和多晶体

钻石、水晶、制造电脑 CPU 使用的硅片都是单晶体；很多钢材、铝等是多晶体。

多晶体里的那些小区域，人们称为晶粒，晶粒和晶粒之间的界面叫作晶界。

3. 晶格

人们为了研究方便，经常用几何图形来表示晶体里原子的排列情况，称为晶格或空间点阵，如图 2-4 所示。

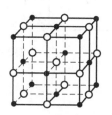

(a) 晶体结构　　　　　　(b) 晶格 (空间点阵)

图 2-4　晶体结构和晶格

而且，材料的种类不同，晶格的形状也不同，常见的有体心立方、面心立方等，如图 2-5 所示。

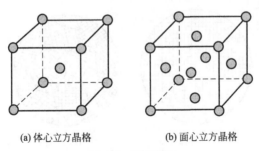

(a) 体心立方晶格　　　　(b) 面心立方晶格

图 2-5　晶格类型

即使同一种材料，在不同的温度或压力下，它们的晶格类型也不一样，而且通过改变温度或压力，材料的晶格类型会发生改变。比如碳在室温下是层状的六边形结构，被加热到高温时，会变成四面体结构。铁在室温时是体心立方结构，如果把它加热到 1000℃，它就会变成面心立方结构；如果把它再冷却到室温，它又会变成体心立方结构。如图 2-6 所示。

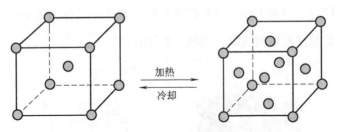

图 2-6　晶格类型的转变

4. 相和相变

如果材料是由两种以上的元素组成的，这些元素经常会互相组合，形成各种不同的"相"。比如，在炼钢的时候，在铁水里加入碳，有的碳原子会进入铁的晶格里，形成一种叫"固溶体"的相，这种固溶体的晶格类型是面心立方结构，人们称之为奥氏体，如图 2-7 所示。

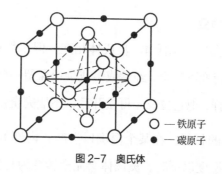

图 2-7 奥氏体

○—铁原子
●—碳原子

如果让奥氏体迅速冷却到室温，比如放进冷水里，它的晶格类型会转变为体心立方结构，而且碳原子仍留在里面，这种相叫马氏体，如图 2-8 所示。

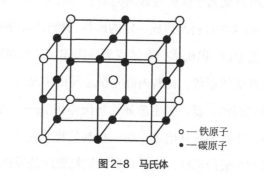

○—铁原子
●—碳原子

图 2-8 马氏体

反过来，如果把马氏体加热到高温，它就会转变成奥氏体。人们把这种不同的"相"之间互相转变的过程称为相变。如图 2-9 所示。

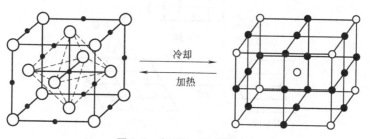

冷却
加热

图 2-9 奥氏体－马氏体相变

5. 热弹性马氏体相变

很多材料都会发生马氏体 - 奥氏体相变，但多数材料的马氏体转变为奥氏体时，转变不完全，经常或多或少地保留一些马氏体的痕迹。这就像旧弹簧一样：把它拉长，再松开后，不能完全恢复原形。

而有些特殊的材料，在某个温度以上时，内部的相都是奥氏体，把它冷却到这个温度以下时，奥氏体会完全转变为马氏体；当重新加热到高温时，马氏体会发生逆转变，完全转变为奥氏体，不会留下任何痕迹，就像新弹簧一样：拉长再松开后，能够完全恢复原形。人们把这种相变称为热弹性马氏体相变。

形状记忆材料就属于这种特殊的类型：能够发生热弹性马氏体相变。在高温时，把这些材料制造成一定的形状，材料内部是奥氏体晶粒；当把它冷却到低温后，奥氏体完全转变为马氏体。如果在低温状态下，把材料加工成其他的形状，材料内部完全是马氏体晶粒；如果重新把这块材料加热到高温，就会发生热弹性马氏体相变——马氏体会完全转变为奥氏体，不保留任何痕迹，所以材料的形状就会完全恢复为高温时奥氏体晶粒构成的形状，这就是形状记忆效应的原理，如图 2-10 所示。

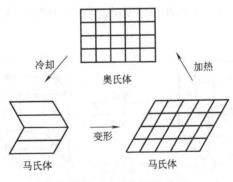

图 2-10　形状记忆效应的原理

二、影响因素

1. 化学成分

只有特定化学成分的材料才会发生热弹性马氏体相变，也就是只有这些材料才具有形状记忆效应，它们才是形状记忆材料。

形状记忆材料的化学成分包括元素种类和含量，它们都必须满足一定的要求。

目前，形状记忆材料的种类还比较少，而且有的材料中含有有害元素或者稀缺昂贵的元素，从而限制了它们的应用。

2. 温度

温度是影响形状记忆材料实际应用的一个重要因素。每种形状记忆材料都有自己的转变温度：材料在这个温度以上时，内部由奥氏体组成；冷却到这个温度以下后，奥氏体会转变为马氏体。加热时，只有高于转变温度后，才会发生热弹性马氏体相变，马氏体才会完全转变为奥氏体，材料的形状才会恢复。

不同的形状记忆材料，应用场合常常不同，所以在研制过程中，需要根据材料的工作温度，让形状记忆材料的相变温度与之对应，这样才能发挥它的形状记忆效应。对研究者来说，这是一个很大的难点，需要进行大量的实验，经历复杂的"成分设计→转变温度测试→成分调整→转变温度测试→成分调整→……→满足要求"的过程。无疑，有的时候，这些工作需要耗费大量的时间和资金。

三、类型

形状记忆效应包括以下三种类型。

1. 单程记忆效应

具有这种效应的材料只能记忆高温时的形状：在高温时，把形状记忆材料制造成一定的形状，然后冷却到低温，改变它的形状，如果重新加热到高温,材料会恢复原来的形状。但是,如果再次冷却到低温,它的形状就不再变化了。如图 2-11 所示。

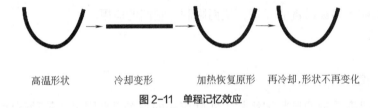

高温形状　　　　冷却变形　　　　加热恢复原形　　再冷却,形状不再变化

图 2-11　单程记忆效应

2. 双程记忆效应

具有双程记忆效应的材料既能记住高温时的形状，也能记住低温时的形状。理论上来说,只要把它加热到高温,它就变成高温时的形状，冷却到低温，就变成低温时的形状，能够反复变化。如图 2-12 所示。

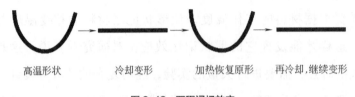

高温形状　　　　冷却变形　　　　加热恢复原形　　再冷却,继续变形

图 2-12　双程记忆效应

3. 全程记忆效应

全程记忆效应很特殊：具有这种效应的材料在加热时会恢复成高

温时的形状，再次冷却时会变成与高温时形状相同而方向相反的形状。如图 2-13 所示。

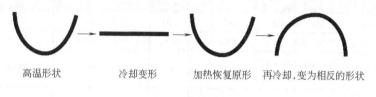

高温形状　　　冷却变形　　　加热恢复原形　再冷却，变为相反的形状

图 2-13　全程记忆效应

四、性能

形状记忆材料要获得实际应用，需要具备一定的性能，包括记忆性能、力学性能、加工性能等多个方面性能。

1. 记忆性能

形状记忆材料的记忆性能并不是永恒不变的，而是会发生变化。总体来说，随着加热次数的增加，材料的记忆性会衰减，也就是不能再完全恢复到原来的形状。这是因为有的马氏体会失去热弹性，不能完全转变为奥氏体。这种情况和弹簧很像——使用次数多了后，就不能恢复原形了。

形状记忆材料的种类不同，记忆性能也不同。有的记忆性能非常稳定，可以使用百万次以上，有的使用次数比较少。

2. 转变温度

材料的种类不同，转变温度也不同，有的比较高，而有的比较低。

表 2-1 是几种形状记忆材料的化学成分和转变温度。

表 2-1　形状记忆材料的化学成分和转变温度

合金	化学成分（原子分数）	转变温度 /℃	合金	化学成分（原子分数）	转变温度 /℃
AuCd	46.5%～50%Cd	30/100	InTi	18%～23%Ti	50/100
AgCd	11%～49%Cd	-190/-50	NiAl	36%～38%Al	-100/100
CuAlNi	14%～14.5%Al，3%～4.5%Ni	-140/100	TiNi	49%～51%Ni	-50/100
CuAuZn	23%～28%Au，45%～47%Zn	-150/100	FePt	25%Pt	/-130
CuSn	15%Sn	-120/30	FePd	30%Pd	/-100
CuZn	38.5%～41.5%Zn	-180/-10	MoCu	5%～35%Cu	-250/180

3. 力学性能

形状记忆材料的力学性能对它的实际应用有重要影响，包括强度、硬度、塑性、韧性等。另外，力学性能也会影响产品的生产和加工。

4. 化学性能

主要是耐腐蚀性。它也会影响材料的实际使用，因为有的材料需要在腐蚀性环境里工作。

5. 生物相容性

有的材料作为生物医疗产品使用，需要植入人体内部，这就要求它们具有良好的生物相容性，首先，要对身体无毒无害；其次，不能和身体内部的物质发生化学反应；再次，还要能抵抗体内物质的腐蚀。

6. 加工性能

加工性能好的材料，容易加工成各种形状和尺寸的产品，所以容易进行应用；加工性能不好的材料，不容易加工成最终产品，所以会制约它们的应用。

7.成本

材料的化学成分、加工性都会影响它的成本。很明显，成本是影响应用的一个重要因素。

— |第三节| —
形状记忆合金

形状记忆合金是由金属元素构成的形状记忆材料，它是最早被发现的形状记忆材料，也是目前性能最好、应用最广泛的品种。

目前，人们研制的形状记忆合金包括以下几个系列。

一、镉系

主要包括金 - 镉合金、银 - 镉合金等。

镉对人体有毒，而且金、银的价格很贵，所以这个系列的合金实用性不太高，没有得到广泛应用。

二、钛 - 镍系

钛 - 镍（Ti-Ni）合金是目前形状记忆性能最好的品种，而且它还具有其他优点：

① 钛 - 镍合金对人体无毒无害。

② 价格也便宜很多。

③ 力学性能好，强度高、塑性和韧性好、耐腐蚀性优良。

所以，钛镍合金引起人们的广泛关注，人们对它们的研究最全面，应用范围也最广泛。

后来，人们又在钛 - 镍合金的基础上添加其他元素，研制了更多品种，比如钛 - 镍 - 铜、钛 - 镍 - 铁、钛 - 镍 - 铬等形状记忆合金品种。

钛 - 镍系形状记忆合金特别适合医学领域，因为它的表面可以形成一层稳定的钝化膜，对人体无毒无害，也不会和人体内的物质发生化学反应，从而具有很好的生物相容性。

三、铜系

1970 年，研究者发现，铜 - 铝 - 镍合金也有形状记忆效应，而且据此得出结论：具有热弹性马氏体相变的合金都具有形状记忆效应，因此从理论上解释了形状记忆材料的原理。所以，在形状记忆材料领域，这是一个里程碑式的进展。从此之后，人们研制形状记忆材料有了严格、准确的理论依据，在它的指导下，研究者开发出了更多种类的形状记忆合金，以及另外两个类型：形状记忆陶瓷、形状记忆高分子。

铜系形状记忆合金的记忆性能、力学性能、耐腐蚀性、生物相容性都不如钛 - 镍合金，但它最大的优势是价格低，只有钛 - 镍合金的1/10 左右，所以可以用于对性能要求较低的场合。

铜系形状记忆合金的种类很丰富，包括铜-镍、铜-锡、铜-锌、铜-铝、铜-锌-铝、铜-锌-锡、铜-锌-硅等。

四、铁系

铁系形状记忆合金包括铁-铂、铁-钯、铁-锰-钴-钛、铁-锰-硅等品种。它的记忆性能也较差，但优点是价格更低，而且力学性能好，强度高，韧性好，加工性好，所以具有很好的发展前景。

五、应用领域

1. 航空航天

（1）月球上使用的形状记忆合金天线　形状记忆合金最著名的应用实例，就是制造"阿波罗11号"登月飞船的天线。

1969年，美国的"阿波罗11号"宇宙飞船到达了月球，宇航员使用一个直径达几米的半球形天线和地球联络。

很多人会感到奇怪，天线的体积这么大，而飞船内部的空间很小，它是怎么被带到月球上的呢？

其实，这个天线就是使用几年前才研制成功的钛-镍形状记忆合金制造的：科研人员先在高温环境里把天线制造出来；然后把它冷却到低温，并把它折叠成一个很小的小球团，放进飞船里，带到月球上。然后宇航员把小球团取出来，把它加热到高温，它就恢复成了最初的半球形形状。如图1-1所示。

（2）智能保护盒　人们还经常用形状记忆合金制造航天器的智能保

护盒。因为航天器有的零部件很灵敏、也很脆弱，容易受到一些污染物的腐蚀、破坏，而航天器在制造和发射过程中，经常会产生一些污染物。

所以，为了保护这些特殊的零部件，人们用形状记忆合金制造了特殊的智能保护盒：首先，在高温环境里制造保护盒，这时，盒盖是打开的；在制造和发射过程中，温度比较低，一般是室温，所以，这时候把盒子安装起来，并把盖子盖好，把需要保护的零部件密封起来，这样，零部件就受到了保护；航天器飞行到太空后，对保护盒加热，盒子就会自动打开，里面的零部件如探测器就可以工作了。如图 2-14 所示。

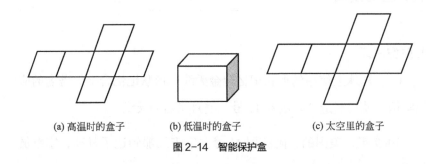

(a) 高温时的盒子   (b) 低温时的盒子   (c) 太空里的盒子

图 2-14　智能保护盒

2. 机械

在机械领域，形状记忆合金的应用也很广泛。

（1）管件接头　管件接头是一种很常见的结构，就是两根金属管连接在一起，如图 2-15 所示。

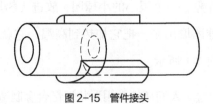

图 2-15　管件接头

　　但长期以来，有个问题一直困扰着人们：普通的管件接头并不是特别严密，经常有缝隙，所以管内的液体、气体等容易发生泄漏，这种情况有时候会造成特别严重的生产事故，但人们一直想不到特别好的解决办法。

　　后来发现了钛 - 镍合金的形状记忆效应后，就利用它很好地解决了这个问题：首先，在工作温度（高温）时，把形状记忆合金加工成内径稍小的管件接头；然后将它冷却到低温，把它的内径扩大，用它把两根管件连接起来；最后把它们从低温环境里取出来，这时温度会升高，接头的形状开始恢复，也就是内径会自动收缩，从而把管件严密而牢固地连接起来，这样就很好地解决了上述问题。如图2-16 所示。

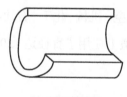

(a) 高温时的接头

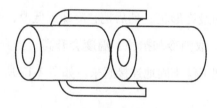

(b) 在低温把管件连接起来

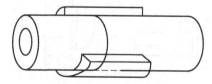

(c) 温度升高后,管件被严密地连接起来

图 2-16　形状记忆合金管件接头

用形状记忆合金制造的管件接头有几个优点：

①连接牢固、紧密，性能可靠。

②不需要进行焊接，所以对管件没有损害。

③检修方便，因为这种结构容易拆卸，而且很方便：只需要将管件冷却到低温，接头的内径会自动扩大。检修结束后，再用接头把管件连接好，直接从低温环境里取出来，它们就又会自动地连接起来。

1969年，美国RayChem公司用钛-镍-铁形状记忆合金制造管件接头，用在F14战斗机上，后来统计发现，使用的10万个的管件接头效果很好，从来没有发生过燃油泄漏、管件脱落、损坏等事故。

有人报道，核潜艇等设备也可以使用这种接头。

后来，这种技术在航空、机械、化工、石油等行业里迅速得到推广、应用，其中，海底输油管道上使用了直径达150mm的大口径管件接头，效果也很好。

（2）紧固件　典型的例子是形状记忆合金铆钉。首先，在工作温度下制造出铆钉的最终形状；然后把它冷却到低温，改变形状，安装到工件里；最后，取消冷却措施，温度会升高，当升到工作温度时，铆钉恢复原形，把工件牢固地连接起来。如图2-17所示。

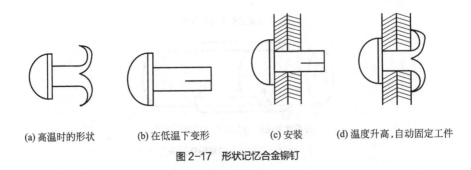

(a) 高温时的形状　　(b) 在低温下变形　　(c) 安装　　(d) 温度升高，自动固定工件

图2-17　形状记忆合金铆钉

（3）其他　还有人用单程形状记忆合金制造一些精密设备或仪器。首先，在高温下把它们制造出来，然后冷却到室温，正常使用。

这种产品的一个优点是，如果在使用过程中，不小心受到碰撞发生了变形，并不需要专门修理，只需要对它们进行加热，就可以自动恢复原形了。

这是因为，在室温受到碰撞变形后，如果被加热到高温后，它们就会恢复高温时的形状，即正常形状。

由于采用的是单程形状记忆合金，所以从高温降到室温后，它的形状并不会改变，仍会保持高温时的形状，就可以继续使用了。如图2-18所示。

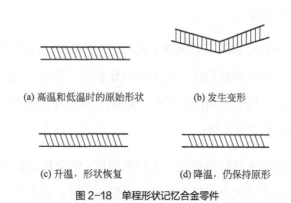

(a) 高温和低温时的原始形状　　　(b) 发生变形

(c) 升温，形状恢复　　　(d) 降温，仍保持原形

图 2-18　单程形状记忆合金零件

可以想象，如果汽车用这种材料制造，那发生碰撞后，就不需要到 4S 店或修理厂维修了，那车主会节省不少钱。

3. 医疗产品

生物医疗是形状记忆合金的另一个热点应用领域。

（1）牙套　现在很多人都戴牙套对牙齿进行矫形，尤其是一些爱美的小姑娘。

牙套的核心部件是矫形丝，矫形丝一般是用金属制造的，具有一定的弹性，可以向长歪的牙齿施加一个作用力，让它逐渐回到正常的位置。如图 2-19 所示。

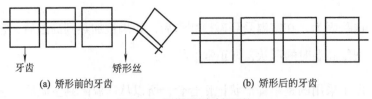

(a) 矫形前的牙齿 　　　　　　　　　　(b) 矫形后的牙齿

图 2-19　形状记忆合金矫形丝

可以想象，整个矫形过程需要一定的时间，短的需要半年左右，长的可能需要几年。

普通的矫形丝是用不锈钢或 CoCr 合金制造的，这些材料的缺点是弹性较差，在使用过程中，由于受到牙齿的"抵抗"，它们的弹性会下降，所以，用它们制造的牙套，施加的矫形力会逐渐减小，有的在佩戴期间就会完全失效。

为了克服这些材料的缺点，人们采用钛 - 镍形状记忆合金制造牙齿矫形丝，形状记忆合金受到牙齿的"抵抗"时，会发生另一种形式的马氏体相变（这种相变和前面提到的不一样，它不是由于温度变化产生的，而是由于受到力的作用产生的，叫应力诱发马氏体相变）。这种相变使合金丝具有很好的弹性，人们称为"超弹性"，即使受到牙齿的"抵抗"，这种合金丝也始终保持很好的弹性，所以矫形力很持久，不容易失效。

镍 - 钛合金矫形丝的另一个优点是：由于弹性好，所以即使有的牙长得特别歪，但是施加的作用力也并不大，所以在使用过程中，患者没有什么疼痛感或不适感。而普通材料的弹性差，所以施加给牙齿的矫形力很大，患者会感觉很痛苦。

（2）脊柱矫形棒　一些脊柱侧弯患者需要使用脊柱矫形棒进行矫形。一般的矫形棒是用不锈钢制造的，它同样存在矫形力减小、作用失效的问题。一般情况下，如果矫形力降低到原来的30%时，就需要再次进行手术，调整矫形力，无疑，这会给患者带来巨大的痛苦和沉重的经济负担。

所以人们采用形状记忆合金制造矫形棒，形状记忆合金的弹性很好，矫形力很持久；即使由于使用时间长，矫形力降低了，也不需要再次进行手术，只需要采用体外加热的方式，比如，升高5℃左右，矫形棒就可以恢复原形，从而矫形力也得以恢复（这种形状记忆合金也是单程记忆的，加热结束、温度降低后，它的形状不会改变）。

（3）其他　除了上述两种产品之外，形状记忆合金还可以制造骨连接器、伤骨固定加压器、血栓过滤器、血管夹、血管扩张器、内腔支架、人工关节等多种产品，可以预见，未来它的应用会更加广泛。图2-20是血管扩张器的示意图。

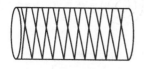 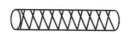 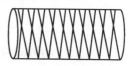

(a) 高温时的形状　　　　(b) 压缩　　　　(c) 植入体内后，温
　　　　　　　　　　　　　　　　　　　　　度升高，恢复原形

图2-20　血管扩张器的示意图

4. 日常生活

形状记忆合金在日常生活中也有广泛的应用。

（1）眼镜架 眼镜镜片一般用玻璃或树脂制造，而眼镜架一般用普通金属制造，当温度变化时，它们都会发生热胀冷缩，但是镜片的体积变化大，眼镜架的体积变化小，这样，两者间就容易产生空隙，眼镜架不能牢固地夹住镜片，镜片有可能会脱落下来。

用钛 - 镍形状记忆合金制作的眼镜架，由于它具有超弹性，在比较大的变形范围内，都始终具有很好的弹性，所以即使镜片发生较大的体积变化，眼镜架也始终能够牢固地夹住它。

另外，普通眼镜架使用时间长了后，就会变得比较宽松，这是因为它的弹性不好，所以佩戴时会感觉不舒服，总担心它掉下去。而形状记忆合金眼镜架的弹性很好，使用很长时间后，仍具有很好的弹性，所以不会有上述感觉。

（2）智能勺子 有的企业用形状记忆合金制造勺子，这种勺子的特点是不用的时候是卷曲的，只有一小块，当使用的时候——与热饭菜或热水接触时，它就会自动变直。使用完之后，又会自动卷曲起来。如图 2-21 所示。

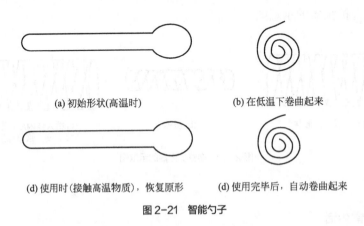

(a) 初始形状(高温时)　　　　　　(b) 在低温下卷曲起来

(d) 使用时(接触高温物质)，恢复原形　　(d) 使用完毕后，自动卷曲起来

图 2-21　智能勺子

（3）智能窗户开关 用形状记忆合金制造的窗户开关，当温度升

高时，窗户会自动打开，温度降低时，窗户自动关闭。

（4）智能水龙头 用形状记忆合金制造的智能水龙头，可以防止在洗澡时发生烫伤事故。当水温适合洗澡时，水龙头处于打开状态，当水温高到会烫伤人的温度时，水龙头会自动关闭。

（5）智能暖气阀门 智能暖气阀门可以控制房间内的温度。阀门的核心部件是一个用形状记忆合金制成的弹簧：在高温时，制造出伸长的弹簧，然后降到室温，把弹簧压缩起来，安装在阀门里。当房间内的温度较低时，弹簧处于收缩状态，阀门打开，暖气的流量增加；当房间内的温度过高时，弹簧会自动伸长，使阀门关闭，暖气的流量减少；房间内的温度再降低后，弹簧又自动收缩，阀门再次打开……。如图 2-22 所示。

(a) 高温时的弹簧　　　　(b) 在低温时压缩，阀门开通　　　　(c) 高温时伸长，阀门关闭

图 2-22 智能暖气阀门

（6）智能报警器 这种报警器的内部也有一个用形状记忆合金制造的弹簧：在高温时，制造出伸长的弹簧，然后降到室温，把弹簧压缩起来，安装到报警器里。当发生火灾时，温度升高，弹簧就自动伸长，触发报警器，从而发出警报。火灾被扑灭后，温度降低，弹簧又自动压缩收起来。

（7）智能路灯开关 也可以利用上述的弹簧制造智能路灯开关。

白天温度高，弹簧处于伸长状态，使灯具的开关关闭；晚上，温度下降，弹簧自动收缩，使开关打开；天亮后，温度升高，弹簧又自动伸长，使开关关闭。

— | 第四节 | —
形状记忆陶瓷

早期，形状记忆材料主要是合金。近些年，人们发现一些陶瓷材料也具有形状记忆效应。本节简要介绍。

一、机理

形状记忆陶瓷的机理比金属复杂，可以分为不同的类型，包括马氏体相变形状记忆效应、铁电性形状记忆效应、铁磁性形状记忆效应、黏弹性形状记忆效应等。

马氏体相变形状记忆效应的机理和形状记忆合金相同。其他类型的机理目前仍在研究，其中，关于黏弹性形状记忆效应，有人认为，是由于这类陶瓷中包括结晶态和玻璃态两种结构，它们在特定条件下会互相转变，导致陶瓷的形状发生可逆变化，从而形成了形状记忆效应。如图 2-23 所示。

二、种类

形状记忆陶瓷的种类也比较多，其中，马氏体相变形状记忆陶

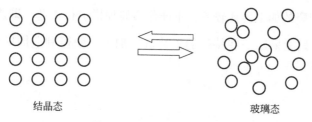

结晶态 玻璃态

图 2-23 黏弹性形状记忆效应

瓷有 ZrO_2、$BaTiO_3$、$PbTiO_3$、$KNbO_3$ 等，黏弹性形状记忆陶瓷有 Al_2O_3、SiC、Si_3N_4 等。

三、性能

① 记忆性能。总体来说，陶瓷的形状记忆性能不如金属，效应不明显。这是由于陶瓷的塑性很差，所以在低温环境里变形时，形变量不能太大，否则容易发生破裂，这样一来，在高温和低温时的形状差异就比较小。

② 记忆性的衰减。在每个循环的变形后，形状记忆陶瓷的记忆效应都会产生一些衰减，形状越来越不容易完全恢复，也就是说，它们的记忆能力越来越差。

③ 陶瓷的塑性、韧性比较差，强度低，所以变形次数多了之后，内部或表面容易产生裂纹，不能再次使用。

④ 有的陶瓷如铁电性形状记忆陶瓷有一个突出的优点，就是响应速度很快。当温度变化后，形状能很快发生变化。在一些要求快速响应的领域里，它有很好的应用前景。

⑤ 形状记忆陶瓷的硬度、耐磨性、耐高温性、耐腐蚀性、生物相容性普遍都很好。

⑥陶瓷的加工性比较差，不能像金属那样进行铸造、锻造、冲压等加工，只能采用一些特殊的工艺进行加工，使得制造周期比较长、成本升高。

四、应用

由于具有上述性能特点，所以形状记忆陶瓷的应用受到了一定的限制，目前只是少量应用于储能器件、生物医学等一些领域。

— | 第五节 | —
形状记忆高分子材料

形状记忆高分子材料是另一类新型的形状记忆材料。

一、机理

高分子材料的形状记忆效应和它内部的分子链排列有关系。在某个条件（如某温度）时，分子链按照某种方式排列，而且处于平衡状态，整块材料具有一定的形状。当把材料放置到另一个条件（如较低温度）并施加作用力时，材料的形状发生改变，分子链按照另一种方式排列，处于另一种平衡状态。当对材料加热，达到原来的温度时，分子链会恢复到原来的排列方式，整块材料也恢复到原来的形状。如图 2-24 所示。

　　高温时的排列方式和形状　　低温时的排列方式和形状　　　温度升高，形状恢复

图 2-24　高分子材料的形状记忆效应

二、刺激方式

　　形状记忆高分子的刺激方式比较多：温度、电场、光辐射、pH 值等都可以使它们产生形状记忆效应。这是它和金属、陶瓷相比，最大的一个特点。

三、类型

　　按照刺激方式，形状记忆高分子材料可以分为热致形状记忆高分子材料、电致形状记忆高分子材料、光致形状记忆高分子材料、磁致形状记忆高分子材料、化学感应形状记忆高分子材料等。如下所示。

$$形状记忆高分子材料\begin{cases}热致形状记忆高分子材料\\电致形状记忆高分子材料\\光致形状记忆高分子材料\\磁致形状记忆高分子材料\\化学感应形状记忆高分子材料\\……\end{cases}$$

　　按照化学成分，可分为聚烯烃（常见的是交联聚乙烯）、聚酯（常见的是聚氨酯、聚己内酯等）、聚乙烯醇、聚乳酸、聚酰亚胺、聚乙二醇等。

　　另外还有一种高分子复合材料，由于高分子材料的强度、硬度较低，形状记忆能力也不如金属和陶瓷，所以人们开发了形状记忆高分子复合材料。有的在高分子材料里添加一定数量的无机物，如二氧化硅、碳化硅、碳纤维、碳纳米管等，可以改善其力学性能；添加炭黑、纳米银粉、碳纳米管等，可以提高材料的电致形状记忆性能；添加四氧化三铁微粉，可以提高材料的磁致形状记忆性能；添加纳米金微粉，可以提高材料的光致形状记忆性能。

四、特点

与形状记忆合金和形状记忆陶瓷相比，形状记忆高分子材料具有自己的一些特点，优点包括：

① 恢复形状的刺激方式比较多。包括加热、电场、磁场、光辐射、化学刺激等。所以目前，高分子材料是形状记忆材料里研究最活跃的领域之一，有可能产生很多新的发现和研究成果。

② 相变温度容易调整。高分子材料的化学成分种类多样，容易调整，而且也容易制备试样，所以相变温度容易调整，可以根据使用要求进行"量体裁衣""对症下药"式的成分设计。

③ 弹性变形能力强，柔韧性好，可以进行形变量较大的形状改变，而且不容易发生破坏。

④ 加工性好，容易加工成形状复杂、尺寸精细的产品。

⑤ 耐腐蚀性、绝缘性、保温性、生物相容性普遍比较好。

⑥ 密度低，质量轻。

⑦ 原料来源广，成本较低。

但是，形状记忆高分子材料也存在以下不足：

① 有的材料记忆性能不好，不能完全恢复原形。

② 很多高分子材料的响应速度比较慢，即受到刺激后，需要较长时间才能恢复到原来的形状。

③ 强度、硬度、耐磨性、耐热性都比较差，容易发生损坏。

五、应用

1. 智能座椅

人们用形状记忆高分子材料制造了一种智能座椅，它能够自动展开和折叠。首先，在温度较高的环境里，把展开后的座椅制造出来；然后降低温度，把它折叠起来。这样，在没有人的时候，它是折叠的，人们来到它面前时，升高温度，它就会自动展开；人离开时，降低温度，它又自动折叠起来。如图 2-25 所示。

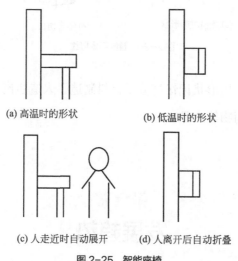

(a) 高温时的形状　　　　(b) 低温时的形状

(c) 人走近时自动展开　　　(d) 人离开后自动折叠

图 2-25　智能座椅

2. 自修复材料

材料在使用过程中，经常由于碰撞发生变形或破损，有人用单程形状记忆高分子材料制造了能自我修复的材料。发生变形后，对材料加热、甚至放在阳光下照射，材料就自动恢复原形。

3. 生物医药领域

（1）智能手术缝线　有人用形状记忆高分子材料制造了一种智能手术缝合线。首先，在体温环境里制造成比较短的缝合线；然后冷却到正常的室温，并把它拉长；用它缝合伤口后，它会在体温的作用下，自动发生收缩，把伤口缝合起来。如图 2-26 所示。

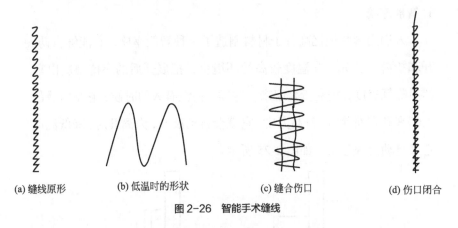

(a) 缝线原形　　　(b) 低温时的形状　　　　(c) 缝合伤口　　　　(d) 伤口闭合

图 2-26　智能手术缝线

（2）还有人用形状记忆高分子材料制造了人造肌肉、骨骼、血管、矫形器、智能药物等产品。

— | 第六节 | —

发展趋势

经过几十年的发展，人们在形状记忆材料的研究和应用方面取得了很多成果，但它的潜力仍远远没有发挥出来，目前也存在一些问题需要解决。

一、形状记忆合金

①进一步研制普通金属成分的合金体系，包括铜系、铁系、铝系等，它们的成本比较低，适合进行大规模应用。

②进一步加强机理研究，重点是双程和全程形状记忆效应。

③加强形状记忆合金的抗疲劳性能研究，防止形状记忆能力的衰减，延长产品的使用寿命。

④开发新型刺激方式的合金，如光致形状记忆合金、电致形状记忆合金、磁致形状记忆合金等。

二、形状记忆陶瓷

①改善记忆效果。陶瓷的记忆效果和金属的差距比较大，这是最迫切的研究方向。

②改善陶瓷的韧性、塑性。

③改善陶瓷的加工性能。

三、形状记忆高分子

①进一步提高记忆能力，包括准确性和稳定性，保证形状的精度和保持能力。

②改善形状的恢复速度。很多形状记忆高分子的恢复速度比较慢，有的甚至需要 100 小时左右，因而需要重点解决。

③上述目标都需要坚实的理论基础，包括材料的成分设计、微观

结构设计，有时需要在分子层面进行设计。

④ 改善高分子的硬度、强度、耐磨性、耐热性等，提高它们的适应能力，扩大它们的应用范围，比如能够应用于一些高温、高压等苛刻环境中。

四、与其他技术的融合

与 3D 打印、柔性电子等其他新技术结合，开辟新的研究和应用领域。

在这里，我们只举一个例子——4D 打印技术。很多人都知道，近几年，3D 打印技术风靡全球。有的研究者提出更加前瞻性的计划：利用形状记忆材料，进行 4D 打印。这种技术的特点是，利用 3D 技术打印出产品后，它的形状能够随着时间的延续而发生改变。

这种技术具有很好的应用前景。比如航天器使用的太阳能电池板，首先，在高温环境里，用 3D 技术打印出形状记忆材料铰链，这时的铰链是展开的；然后把铰链放到低温环境里，压缩起来，安装到太阳能电池板上。航天器在进入太空前，温度比较低，所以铰链处于压缩状态，使太阳能电池板处于闭合状态；进入太空后，温度升高，铰链自动展开，把太阳能电池板打开了。如图 2-27 所示。

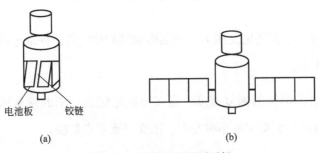

图 2-27　航天器的太阳能电池板

第三章

有"洁癖"的材料
——自清洁材料

相信很多人都看过清洁工清洗高楼大厦外墙的情景——他们用绳索捆住自己的腰，悬吊在半空中，异常艰难地清洗。无疑，这项工作充满了危险；同时，由于腿和腰都无法用力，所以整个清洗过程特别吃力。

有没有办法解决这个问题呢？答案是：有。其中一个办法就是利用这一章介绍的智能材料——自清洁材料。

— |第一节| —
概　述

一、概念

自清洁材料是一种自己具备清洁能力的材料。这种材料的表面被污染后，不需要人工清洗，污染物能够在重力、风、雨、阳光等自然作用下离开、掉落或发生分解。

二、起源

实际上，自清洁材料起源于人们很熟悉的一种现象——树叶上的露珠。露珠是一个个的小圆球，不会粘在树叶的表面，很容易滚动，所以被风一刮，露珠就掉落下来，在树叶表面不留任何痕迹。

在池塘里的荷叶上，这种现象更突出、也更常见，所以很多年以前，人们把这种现象叫作"荷叶效应"。如图 3-1 所示。

图 3-1　荷叶效应

和这种现象类似的，是玻璃上的水银。同样，水银也不会粘在玻璃上，而是会不停地滚动，只要把玻璃一倾斜，水银就全部滚落下去了。

三、应用前景

自清洁材料由于这种独特的性质，在服装、建筑、汽车、航空、电力、日常生活、文物保护等领域都有巨大的潜在应用价值。

1. 服装

近几年来，很多人可能发现这么一种现象：有的衣服沾上水后，水并不会渗进衣服里面去，而是在衣服表面形成一个个水滴，只要用手轻轻一拍，水滴就会滚落下去。

这是因为，这种衣服的表面覆盖了一层自清洁材料。

所以，如果在所有的衣服表面都刷这么一层涂料，那人们基本就可以告别洗衣机了！

2. 建筑

如果能研制出具有"荷叶效应"的涂料，刷在房屋等建筑的墙壁上，污染物就不容易黏附在它们表面，即使黏附了一些，也不会牢固，受到风吹或雨水冲刷后，很容易被去除，这样，建筑物就能始终保持清洁了。

现在已经有不少企业在生产这种自清洁涂料。

3. 汽车

自清洁材料也可以用于汽车，包括车身、车窗玻璃、后视镜等，能起到防水、防污、防雾、防尘等效果。

我们都知道，汽车在行驶过程中，车身上经常黏附污泥、灰尘、雨水等，它们一方面影响车辆的美观，另一方面，如果窗玻璃或后视镜被污染的话，会危及行车安全。很多人都有过雨天开车的经历：车辆的挡风玻璃和后视镜上覆盖着一层雨水，严重影响驾驶者的视线，容易造成交通事故。

有的研究者提出，可在汽车车身或玻璃上涂覆一层自清洁材料，以解决这些问题。报道称，美国 UltraTech 的公司研制了一种涂料，把它喷涂在汽车车身上，之后车辆驶过泥坑时，污泥和污水溅到车身上后，会变成水珠滚落下来，不会黏附在上面！

有的玻璃企业生产用这种涂料处理的"自清洁玻璃"，既可以用于建筑物的窗玻璃，也可以用于汽车的玻璃和后视镜，从而保障了行车安全。

4. 航空

冬天的时候，飞机表面经常结冰，对飞行安全造成了严重的威胁。

所以在每次飞行前，工作人员都要花费很长时间进行除冰工作。

如果在飞机表面涂一层自清洁材料，水分不容易黏附在表面，所以有可能会改善这种情况。

5. 文物保护

我们知道，室外的很多文物、古建筑、历史遗迹等，由于常年受雨水侵蚀，损坏很严重。

意大利的一些科学家提出，如果在这些古建筑表面涂刷一层自清洁材料，雨水、污染物就不容易黏附在表面，从而可以对文物起到很好的保护作用。

6. 太阳能电池板

太阳能电池板长期暴露在室外，时间长了后，表面容易覆盖一层灰尘或污染物，会影响对太阳光的吸收，从而会使太阳能装置的效率降低。如果电池板表面涂刷一层自清洁材料，就可以解决这个问题。

7. 日常生活

自清洁材料在人们的日常生活中应用前景也很广阔。

（1）不粘锅　用普通的锅做饭时，饭、菜都很容易粘在锅底，清洗很麻烦，所以人们发明了不粘锅。实际上，不粘锅的表面就是一层自清洁材料。

（2）厨房墙壁　厨房墙壁经常受到油烟的污染，即使使用了抽油烟机，也不能完全避免这种情况。如果墙壁上涂刷一层自清洁涂料，就可以改善这种情况了。

（3）浴室的镜子　我们都有这样的体会，洗完澡后，本来想照镜子，但发现上面有一层水雾，根本没法照。如果在镜子表面涂刷一层自清洁材料，这个问题就迎刃而解了。

— |第二节| —
自清洁材料的原理

目前人们研制的自清洁材料有两种类型，它们的原理各不相同：一种是仿照"荷叶效应"研制的自清洁材料，叫"疏水"材料，它是利用水滴的形式实现"自清洁"；另一种叫"亲水"材料，它的效应和"荷叶效应"相反，是利用水膜的形式实现"自清洁"。

一、"疏水"材料

"疏水"材料是一类自清洁材料，有的资料里叫作"斥水""拒水""憎水"材料。归根到底，这些名称都来源于水滴在荷叶表面凝聚成小球的现象，即"荷叶效应"。

这类材料表面的化学成分和微观结构很特殊，它会排斥表面的水分和污染物，使它们远离材料表面，从而形成一个个水滴，不容易黏附在表面。这样，在自身重力或风吹、雨水等作用下，很容易滚落下去，脱离表面。在滚落过程中，还会把其他的污染物如灰尘带走，从而产生"自清洁"效果。如图3-2所示。

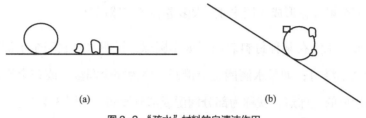

图 3-2 "疏水"材料的自清洁作用

二、"亲水"材料

另一类自清洁材料叫"亲水"材料，它的自清洁原理和"疏水"材料相反，它通过使材料表面具有特殊的化学成分和微观结构，吸引水滴，使水滴尽量在表面铺展开，形成一层很薄的水膜。这样，污染物就不会直接黏附在材料表面，而是附着在水膜上，在重力、风、雨水等作用下，这些污染物也很容易被去除，从而达到"自清洁"效果。如图 3-3 所示。

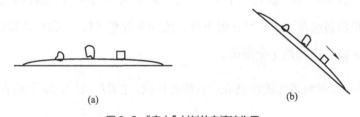

图 3-3 "亲水"材料的自清洁作用

三、润湿现象

不论哪种自清洁方式，它们的基本原理都涉及表面的润湿性：如果在不同的材料（固体）表面滴一滴水，水的形状会不相同——有的会自动收缩，最后形成一个个小圆球，就像荷叶上的水滴一样；而有的会完全摊开，形成一层水膜；大多数会形成球冠形。

如果水滴在某种材料表面形成小圆球，说明水对它完全不润湿，或完全不浸润；如果水滴能完全摊开，称为完全润湿，或完全浸润；如果形成的是球冠，就称为部分润湿或部分浸润。如图 3-4 所示。

(a) 完全不润湿   (b) 完全润湿   (c) 部分润湿

图 3-4　水的润湿

水对材料的润湿程度可以用接触角来表示，如图 3-5 所示。

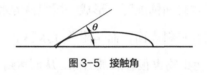

图 3-5　接触角

可以看出，接触角 θ 的大小决定了液滴的形状——当它很大时，比如接近 $180°$ 时，就是一个小球，这就是完全不润湿，在这种情况下，小球很容易滚落下去；当 θ 很小时，比如接近 $0°$ 时，就会形成很薄的一层水膜，这就是完全润湿。

所以，材料表面的水到底形成哪种形状，主要取决于接触角的大小。

四、自清洁材料的研制思路

研制自清洁材料的基本思路，就是控制接触角 θ 的大小：第一种思路，就是让它尽量大，接近 $180°$，这就是疏水材料；第二种思路，让它尽量小，接近 $0°$，这就是亲水材料。

要想控制接触角 θ 的大小，就需要了解它的影响因素。

1. 杨氏方程

19 世纪初期，英国有一位物理学家，叫托马斯·杨，这个人多才多艺，富有传奇色彩。首先，他精通物理、数学；其次，他还对其他一些学科如艺术、经济学、动物学、甚至古埃及的象形文字有研究；另外，他擅长骑马，甚至会耍杂技、走钢丝。

当时，托马斯·杨深入研究了液滴的接触角，他发现，接触角和三个因素有关：固体的表面张力、液体的表面张力、固体和液体之间的界面张力。

根据这个发现，他提出了著名的杨氏方程：

$$\cos\theta = \frac{\gamma_{sg} - \gamma_{sl}}{\gamma_{lg}}$$

其中，θ 为接触角；γ_{sg} 为固体的表面张力；γ_{lg} 为液体的表面张力；γ_{sl} 为固体和液体之间的界面张力。

根据这个方程，我们可以看到：固体的表面张力越小，接触角 θ 越大，即水滴越容易形成小球，自清洁效果就越好，这就是"荷叶效应"。所以，这是人们制造自清洁材料的一种思路，即寻找表面张力小的材料。

与此相反，如果固体的表面张力特别大，那么液滴的接触角 θ 会很小，即水滴容易在固体表面形成一层水膜，自清洁效果也会很好，这就是亲水材料。所以，这是人们制造自清洁材料的第二种思路，即寻找表面张力特别大的材料。

2. 表面粗糙度对润湿性的影响

人们发现，对疏水表面（$\theta > 90°$）来说，材料的化学成分一定的情况下，表面越粗糙，液体越不容易润湿它，即二者形成的接触角越大，自清洁能力也越好。如图 3-6 所示。

图 3-6　粗糙的疏水材料表面

所以，这是研制自清洁材料的第三个思路。

另外，人们发现，对亲水表面（$\theta<90°$）来说，材料的化学成分一定的情况下，表面越粗糙，液体越容易润湿它，即二者形成的接触角越小，自清洁能力也越好，如图 3-7 所示。

图 3-7　粗糙的亲水材料表面

所以，这是研制自清洁材料的第四个思路。

—　|第三节|　—
疏水型自清洁材料

一、"不粘锅"的启示

现在，不粘锅是很多家庭广泛使用的一种用具，和普通的锅相比，它最大的优点是饭、菜不会粘到锅底。它为什么有这种作用呢？其实，人们在这种锅底上涂覆了一层自清洁材料。

我们先来看看它的发明过程：1954 年，法国有一位家庭主妇叫柯莱特，很长时间以来，她一直为一件事感到苦恼——蒸米饭的时候，米饭经常会粘在锅底,炒菜的时候,菜也经常粘在锅底,炖肉、煎鱼、炒鸡蛋时,它们也经常粘在锅底,有时候,它们还会被烧焦。所以,刷洗的时候,她感到特别麻烦。

柯莱特的丈夫有一个业余爱好——钓鱼。钓鱼线又细又长,它的表面由于比较粗糙,所以经常互相粘连、纠缠在一起,形成了一团乱麻,如图 3-8 所示。

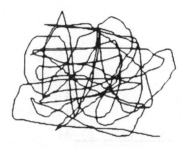

图 3-8　纠缠在一起的钓鱼线

解开那些线团很不容易,经常需要花很长时间,有些急性子的人甚至干脆把它们扔掉,再买一条新的。

后来,她丈夫想了个办法,很巧妙地把这个问题解决了:钓鱼线买来后,他在表面涂抹了一层叫"特氟龙"的塑料粉,并用手沿着线反复捋顺。经过这么处理后,钓鱼线的表面变得特别光滑,不容易粘连了,即使有时粘连在一起,也很容易解开。

有一天,柯莱特偶然看到丈夫又在涂抹"特氟龙",她灵机一动,心想,如果在锅底也涂抹上一层"特氟龙",锅底肯定也会很光滑,说不定米饭、肉、鱼就不会粘在锅底了。——"特氟龙"不粘锅就这样诞生了!

后来,闻名全球的美国杜邦公司把"特氟龙"不粘锅推向市场,受到无数家庭主妇的青睐，很快就享誉全世界。

二、疏水性自清洁材料

为什么"特氟龙"不粘锅具有这种特殊的作用呢？这和它的化学成分有关。它的化学成分叫聚四氟乙烯，其表面能（或表面张力）很低，水和其他的物质都不容易浸润它，所以是一种很好的疏水型自清洁材料。如图 3-9 所示。

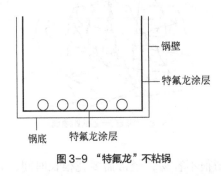

锅壁

特氟龙涂层

锅底　　特氟龙涂层

图 3-9 "特氟龙"不粘锅

其实我们自己也有这样的体会：把一根毛线和一根塑料线分别打一个结，然后去解开它们。你会发现：想解开毛线结比较难，但解开塑料线结就比较容易。原因就是毛线材料的表面能比较大，对其他物质包括自己的吸引力比较大，结合力也比较大；而塑料的表面能比较小，对其他物质包括自己的吸引力比较小，互相之间的结合力也比较小。

可能有人会说：这是因为毛线的表面很粗糙，而塑料线的表面很光滑。当然，这也是一个原因。但根本原因还是它们的表面能不一样。因为如果把它们的表面光滑度加工成相同的情况，塑料线形成的结仍然更容易解开。

所以，制造自清洁材料的第一种方法是寻找聚四氟乙烯这样的低表面能材料。

人们发现，总体来说，无机物的表面能普遍比较高，而有机物的表面能普遍比较低，在有机物里，带有—CF_3、—CH_3、—CF_2—等基团的物质表面能更低。表 3-1 列出一些常见材料的表面能。

表 3-1　常见材料的表面能　　　　　　单位：dyn/cm

材料	铁	玻璃	铅	铜	铝	镁	锌	银
表面能	1872	200～380	526	1303	914	559	782	498
材料	水银	水	醋酸纤维	聚丙烯	聚乙烯	PVC	PD	PTFE
表面能	470	72	36	29～31	30～31	33～38	38	18
材料	ABS	聚酰亚胺	PMMA	聚酰胺	PC	环氧树脂	液氢	液氦
表面能	35～42	50	38	38～46	42～46	43	0.2	0.098

注：1dyn/cm=10^{-3}N/m。

三、加工工艺

寻找到或者研制出低表面能材料后，再通过合适的加工工艺，把它们涂覆在产品表面，就可以使产品具有自清洁作用了。常见的工艺有刷涂、浸涂、喷涂等，如图 3-10 所示。

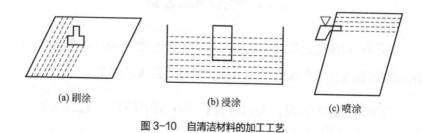

(a) 刷涂　　　　　(b) 浸涂　　　　　(c) 喷涂

图 3-10　自清洁材料的加工工艺

四、作用

疏水型自清洁材料除了具有防污、防水等自清洁作用外，还具有下述作用。

① 防雾　这种功能在汽车玻璃、浴室玻璃中有很好的应用前景。

② 防腐蚀　在物体表面涂覆了疏水型自清洁材料后，腐蚀性物质就不会渗透到物体内部了，甚至不能黏附在物体表面了，所以具有很好的防腐蚀效果。

③ 能提高材料的绝缘性　疏水型自清洁材料能够阻止水分黏附和渗透，所以它能提高物体的绝缘性。

这个作用在电力行业中有重要意义：在雨雪天，野外的输电设备表面会黏附较多的水分，它们会降低绝缘部件的绝缘性，发生意外的放电现象，这种情况叫污闪，如图 3-11 所示。

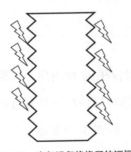

图 3-11　电气设备绝缘子的污闪

污闪有可能使设备发生短路，造成生产事故。2008 年冬天，我国南方地区就发生了严重的污闪事故，造成了巨大的损失。

为了防止这种情况，人们研制了"防污闪涂料"，它们就是用低表面能的疏水型材料制造的。

五、现存的问题

1. 容易发生损伤

由于低表面能材料多数是有机物，它们的强度、硬度较低，而且耐热性较低，所以，在使用过程中容易受到损坏。因此，家庭使用的不粘锅要求不能用铁铲，而应该用木铲，以防止破坏自清洁涂层。

为了解决这个问题，有的研究者提出一种方法：将低表面能的有机物和高硬度的无机纳米氧化物相结合，让它们在原子或分子尺度互相结合起来，研制成复合材料。把这种材料涂覆在产品表面后，再进行加热处理，让有机物发生交联固化，最后获得高硬度的自清洁涂层，和陶瓷一样光滑、坚硬。

常用的无机纳米氧化物有 SiO_2、Al_2O_3 等，SiO_2 是石英、水晶的化学成分，Al_2O_3 是刚玉、蓝宝石的化学成分，硬度、耐磨性都特别高。

2. 性能失效

目前的很多自清洁材料容易发生失效，比如，建筑物外壁上的自清洁涂层，使用一段时间后，自清洁效果会降低甚至消失。有人认为这是受到光线辐射造成的。

所以，提高自清洁材料的使用寿命，是一个重要的研究方向。

第四节
亲水型自清洁材料

一、概念

自清洁材料的另一种类型与上节介绍内容恰恰相反，是亲水型自清洁材料。

这种材料的特点是它和水的亲和性很好，水在上面会铺展成一层很薄、很均匀的水膜，水膜可以把外界的污染物和材料表面隔开，让污染物漂浮在水膜表面，这样在风力或重力作用下，污染物很容易就会被消除，如图 3-3 所示。

二、纳米 TiO_2 自清洁材料

目前应用最广泛的亲水型自清洁材料是纳米 TiO_2。它具有很多优异的性能。

1. 超亲水性

人们发现，纳米 TiO_2 被紫外线照射一段时间后，具有超亲水性能。

人们利用它的这种性质，在玻璃表面镀一层很薄的 TiO_2 薄膜，它是透明的，所以可以应用在建筑幕墙、门窗玻璃、浴室玻璃、汽车玻璃（如反光镜、挡风玻璃上）。另外，还可以用在太阳能装置上，它们都具有很好的自清洁作用。

2. 防雾性

另外，这种玻璃还具有很好的防雾性能，这种性能对汽车玻璃、浴室玻璃和眼镜很有用。在冬天时，普通玻璃的表面容易起雾，影响视线，使用这种玻璃后，表面就不会起雾了。

3. 透明性

人们还发现，TiO_2 薄膜能提高玻璃的透光性，使它们变得更透明。

4. 亲油性

1997 年，世界著名的学术期刊"Nature"上发表了一篇论文，报道纳米 TiO_2 薄膜不仅具有优异的亲水性，还具有很好的亲油性。这个发现在机械领域有很重要的应用价值：如果在机械零件表面镀一层 TiO_2 薄膜，它和润滑油的亲和性特别好，就可以使润滑油均匀地覆盖在零件表面，从而保持很好的润滑性。如图 3-12 所示。

图 3-12　纳米 TiO_2 薄膜可以用于机械润滑领域

在日常生活中，这种性质也很重要：如果在锅的表面镀一层 TiO_2 薄膜，油就会很均匀地覆盖在锅底，这样，做油饼时，就能够保证表面一直都会有一层香喷喷的花生油，而不会被炒煳！

5. 光催化性

除了亲水性和亲油性以外，纳米 TiO_2 薄膜还具有一种优异的性质，叫光催化性。在紫外线的照射下，它的表面会产生大量的电子-空穴对，电子和空穴有很强的化学活性，能够使吸附在 TiO_2 表面的有机污染物发生氧化还原反应，最后变成对环境无害的水、CO_2 等物质，从而达到降解有机污染物、杀菌、消毒的目的。所以，人们也常把 TiO_2 叫作光催化剂（光触媒）。如图 3-13 所示。

除了 TiO_2 外，ZnO 等也具有类似的性质。

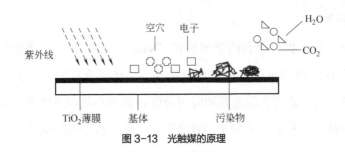

图 3-13　光触媒的原理

三、制备方法

制备纳米 TiO_2 薄膜的方法比较多，常见的有以下几种。

1. 溶胶 - 凝胶法　简称 sol-gel 法

溶胶 - 凝胶法的原理是：把原料中的第一部分组分加入溶剂中，制成溶液，然后加入其他组分，让它们在一定的温度下发生化学反应，在溶液里形成稳定的溶胶；然后，溶胶在一定的条件下发生聚合，形成三维立体网状的凝胶；再对凝胶进行干燥、烧结等处理，最后得到纳米材料。

这种方法的流程如图 3-14 所示。

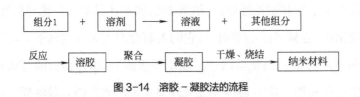

图 3-14　溶胶 - 凝胶法的流程

这种方法可以制备纳米粉末，也可以制备纳米薄膜。

图 3-15 是溶胶 - 凝胶法的原理。

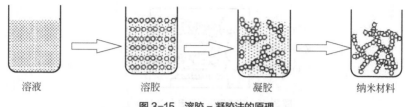

溶液　　　　　　溶胶　　　　　　凝胶　　　　　纳米材料

图 3-15　溶胶－凝胶法的原理

溶胶-凝胶法的优点是：操作工艺比较简单；反应温度比较低；得到的产品纯度高，而且质量容易控制。

用溶胶-凝胶法制备纳米 TiO_2 薄膜的具体方法是：

①把钛酸丁酯加入无水乙醇里，混合并搅拌，制成溶液 A；

②把无水乙醇加入去离子水里，混合并搅拌，然后加入一定数量的硝酸，并搅拌均匀，形成溶液 B；

③把溶液 A 逐滴加入溶液 B 里，同时剧烈搅拌，钛酸丁酯就会发生水解，搅拌约 3 小时后，就形成淡黄色透明溶胶了；

④将溶胶进行干燥处理，得到凝胶；

⑤将凝胶进行烧结，就会得到纳米 TiO_2 薄膜。

2. 化学气相沉积法　CVD 法

化学气相沉积法的原理是：先把基体放在反应室里，然后把气态形式的原料充入反应室中，它们在基体的上方发生化学反应，形成很细小的固体微粒，固体微粒在重力的作用下，降落到基体表面；也有一部分反应物在基体表面发生化学反应，产生的固体微粒和基体结合在一起，如图 3-16 所示。

制备纳米 TiO_2 薄膜时，一般使用有机钛化合物或四氯化钛为原料，

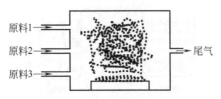

图 3-16　化学气相沉积法（CVD 法）

先把它们蒸发成为气态，然后输送到沉积装置中。气态原料发生化学反应，在固体表面形成 TiO_2 薄膜。

为了保证 TiO_2 薄膜具有合适的性能，在沉积结束后，还需经常对它进行热处理。

制备纳米 TiO_2 薄膜的流程如图 3-17 所示。

图 3-17　纳米 TiO_2 薄膜制备流程

CVD 法的优点是薄膜的质量好，产品具有很好的光催化活性，而且各个位置的薄膜厚度比较均匀。

它的缺点是工艺比较复杂，需要使用专用设备，设备价格比较高，需要的投资较大；另外，这种方法的生产效率比较低，所以产品的生产成本较高。

3. 磁控溅射法

磁控溅射属于物理气相沉积（PVD）法，它是利用磁场的作用，产生大量带电粒子（如 Ar^+），利用它们轰击靶材，靶材表面的原子或分子会发生溅射，沉积在基体表面，形成薄膜，如图 3-18 所示。

制备 TiO_2 薄膜时，使用的靶材是 Ti，Ti 原子溅射到基体表面后，

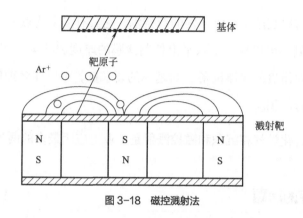

图 3-18 磁控溅射法

通过发生化学反应，形成 TiO_2 薄膜。磁控溅射法制备 TiO_2 薄膜的工艺流程如图 3-19 所示。

图 3-19 磁控溅射法制备 TiO_2 薄膜的工艺流程

磁控溅射法的优点是薄膜对基体的附着力好，而且沉积速率高，能进行大面积镀膜，所以生产效率高，适合进行工业化生产；另外，它的工艺参数容易控制，产品质量容易调整，所以用这种方法生产的薄膜质量比较稳定。

缺点是需要使用专业设备，固定投资比较大。

4.其他方法

包括静电自组装法、微等离子体氧化法、液相沉积法、喷涂、滚涂、浸涂法等。其中，喷涂、滚涂、浸涂法的生产效率比较高，工艺简单，成本低；但产品的质量不如其他方法所制，比如亲水性、自清洁效果、光催化性能都比较低，薄膜的厚度不均匀。

静电自组装法是近年开发的新技术，它具有多个优点：产品的质量容易控制，可以从分子水平上控制薄膜的厚度和结构；工艺简单，而且不需要昂贵的仪器设备；对基体的要求低，可以在多种形状的基体表面进行沉积。

目前，化学气相沉积和磁控溅射是工业上应用最多的两种方法。

四、现存的问题

由于 TiO_2 薄膜同时具有优异的光催化和自清洁性能，而且能够沉积在多种表面上，所以，目前它已经实现了产业化，国内外的一些知名企业都在进行生产。如日本的 Toto 公司和美国、欧洲的一些公司生产了 TiO_2 光触媒玻璃或陶瓷产品，我国的耀华玻璃集团等也生产了相关产品。我国国家大剧院的穹顶玻璃就使用了光触媒玻璃。

目前，TiO_2 薄膜也存在一些问题，主要包括以下几点。

① 需要在紫外线的照射下，才具有光催化性和亲水性。

② 亲水性的稳定性和持久性不理想：人们发现，如果把薄膜在黑暗的环境里放置一段时间，它的亲水性会减弱。

③ 目前的自清洁玻璃主要是应用于建筑行业，实际上，光伏装置中也需要大量的自清洁玻璃，但现在的很多自清洁玻璃并不能满足要求，因为它们的透光性和耐候性不理想。

现在，很多研究者在设法改善它的性能，首先，研制对可见光响应的 TiO_2 薄膜，争取让它在可见光的照射下，就具有光催化性和亲水性；其次，提高性能的稳定性。

目前人们采取的解决办法主要有两个：一是在 TiO_2 中加入其他物质，包括过渡金属、稀土金属、贵金属、非金属等元素或它们的氧化物，也有的加入有机物。人们发现，这些措施能够扩大 TiO_2 光触媒的光谱响应范围，使得它在可见光甚至没有光线照射的情况下也具有光催化性能和优异的亲水性；二是提高薄膜表面的粗糙度，从而改善其亲水性。

现在，相关的研究仍在进行中。

五、细胞膜里的亲水性材料

生物细胞膜的外表面含有一种化学基团，叫磷酰胆碱基团。研究者发现，它有很强的亲水性，所以就人工合成了一种类似的材料，这种材料的名字很长，叫 N- 二甲氨基乙基氨基甲酸酯基丙基三乙氧硅烷磺酸内盐，简称 SINNS，它的分子结构式如图 3-20 所示。

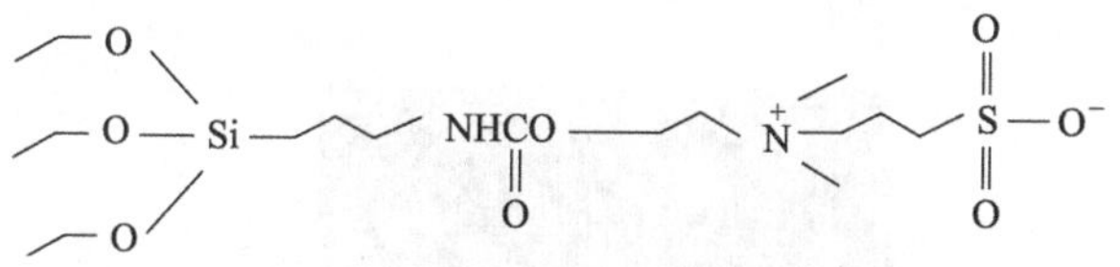

图 3-20 SINNS 分子结构式

这种材料有很好的亲水性，因为它能和水分子间形成氢键，所以和水分子的结合力很好。

研究人员把这种材料涂覆在玻璃表面上，形成一层薄膜，这层薄膜就能够吸附水分子，使水滴铺展在薄膜表面，形成一层厚度均匀的水膜，如图 3-21 所示。

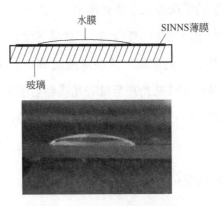

图 3-21　SINNS 薄膜的亲水性

接着，研究者做了更深入的研究：他们在薄膜上加工了一些很小的微孔，这样，就使得薄膜表面凹凸不平了，相当于增加了薄膜表面的粗糙度。他们发现，薄膜的亲水性更好了。如图 3-22 所示。

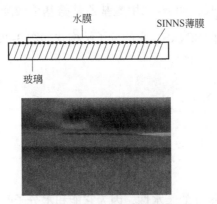

图 3-22　粗糙的 SINNS 薄膜的亲水性

研究者测试了薄膜的防雾性：把涂覆了薄膜的玻璃在高湿度的环境中放置一段时间，然后隔着它观看文字，发现文字仍然很清晰。这就说明：这种薄膜有很好的防雾性，因为水分在薄膜的表面没有形成雾滴，而是形成了一层均匀的水膜。

— | 第五节 | —

具有微米－纳米结构粗糙表面的自清洁材料

在早期阶段，人们研制自清洁材料时，主要方法是通过设计化学成分，就是前面提到的方法。

20 世纪 90 年代末，中科院化学研究所的研究人员另辟蹊径，通过控制材料表面的结构来研制自清洁材料。

他们对很多动植物体的表面微观结构进行了细致、深入的研究，提出影响固体表面浸润性的因素有两个：一个是前面提到的表面能（或表面张力），即表面能越低，水对固体表面的浸润性越差。另一个重要的因素是表面粗糙度，对疏水材料来说，表面粗糙度越高，疏水性越强；对亲水材料来说，表面粗糙度越高，亲水性也越强。所以，不论哪种材料，表面粗糙度越高，它们的自清洁性能越好。

一、对荷叶表面结构的研究

研究人员用扫描电子显微镜观察了荷叶的表面。扫描电子显微镜有两个突出的特点：一是分辨率高，二是景深大。所以研究者能够看清荷叶表面很细微的结构，而且图像的立体感特别强。

研究人员先用低放大倍数（几百至几千倍）观察，发现荷叶表面有很多凸起结构，见图 3-23。

他们把这些结构称为乳突。这些乳突的大小差不多，经过测试，平均直径是 10μm 左右；另外，乳突在荷叶表面的分布比较均匀，互相之间的间距是 12μm 左右。

接着，研究人员放大了电子显微镜的倍数，对荷叶单个乳突进行更仔细的观察发现，乳突的表面并不是光滑的，而是特别粗糙，形状好像"四喜丸子"一样！如图 3-24 所示。

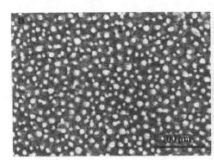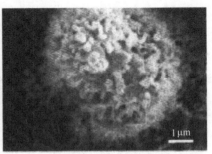

图 3-23　荷叶表面的凸起结构　　　　图 3-24　荷叶表面的乳突结构

所以，可以认为，每个乳突是由很多个更细微的突起组成的。经过测试，研究者发现，这些突起的平均直径是 120μm 左右。

传统观点认为，荷叶效应的原理是因为荷叶的表面有一层蜡状物质，这种蜡状物质的表面能很低，所以水分在上面就形成了水滴。江雷研究组根据他们的研究结果，提出一种崭新的观点：荷叶效应是由于表面这种特殊的"微米 - 纳米"复合结构产生的，如图 3-25 所示。

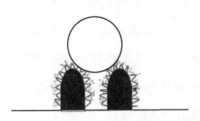

图 3-25　"微米 - 纳米"复合结构的疏水性

他们还计算了水滴的接触角和乳突直径之间的关系，认为：乳突的直径越小，水滴的接触角越大，也就是疏水作用越强，自清洁效果越好，如表 3-2 所示。

表 3-2 接触角和乳突直径的关系

直径 /μm	0.1	0.2	0.3	0.7	2.2	5
接触角	179	163	156	153	150	148

二、对水黾的研究

江雷研究组还研究了一种叫水黾的动物。这种动物是一种昆虫，生活在池塘或河流里，和蚊子很像。它最大的特点是典型的"水上飞"，可以在水面上自如地跳跃，而不会被水浸湿。如图 3-26 所示。

图 3-26 水黾

传统观点认为，水黾的这种能力和油脂有关：它的腿部会分泌一些油脂，油脂的表面张力比较低，不会被水浸湿，从而使得它可以在水面上自由地跳跃。

江雷研究组用电子显微镜仔细观察了水黾的腿部，发现它的表面也具有特殊的微观结构：它同样具有一种特殊的微米 - 纳米复合结构——在低倍数下观察时，可以看到，它的腿上长了很多针状的刚毛，这些刚毛从根部到尾部越来越细，长度一般在 50μm 左右；另外，这些刚毛按照一定的方向有顺序地排列，好像一把扫帚一样，和腿之间有 20° 左右的夹角，如图 3-27 所示。

接着，研究人员在更高的放大倍数下观察刚毛，发现它们的直径在 3μm 至几百纳米之间；更奇特的是，刚毛的表面并不是光滑的，而是有一些奇怪的沟槽，这些沟槽呈螺旋状分布。如图 3-28 所示。

图 3-27　水黾腿上的刚毛

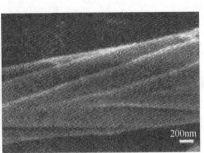

图 3-28　刚毛表面的沟槽

研究者认为：水黾的"水上飞"能力主要是由这些刚毛的结构造成的——微米尺度的刚毛和纳米尺度的沟槽边沿使得水分不会浸湿它的腿部，使腿部具有很好的疏水能力。如图 3-29 所示。

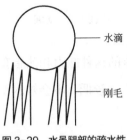

图 3-29　水黾腿部的疏水性

研究者测量了水黾的腿部支持力，发现一条腿在水面的支持力竟可以达到其体重的 15 倍！所以使得它有优异的弹跳力，就像水面上的弹簧一样。

基于这项研究成果，研究者提出，将来可以利用水黾的原理，开发新型的水上交通工具，我们可以把它称为"水上飞"鞋。它和"蛙人"使用的脚蹼很像，人们穿着这种鞋，可以像水黾一样，在水面上行走自如，甚至快速跑动、跳跃，如图 3-30 所示。

图 3-30 "水上飞"鞋

也可以根据这种原理制造新型的游泳衣、救生衣，它不用充气，但是浮力却很大，人可以躺在水面上，也可以站在水面上。

三、对其他生物体的研究

1. 水稻叶

研究组观察了水稻叶子的表面，发现它和荷叶有两个相同的地方：一是水稻叶的表面有很多个微米尺度的乳突；二是每个乳突的表面有很多个纳米尺度的凸起。同时，他们发现水稻叶的表面和荷叶有一个很明显的区别：水稻叶表面的乳突的排列有一定的方向性，如图 3-31 所示。

因为这个特点，水稻叶也具有"荷叶效应"，即水不能浸润水稻叶表面，水稻叶表面具有疏水性质，这是和荷叶相同的性质；另外，

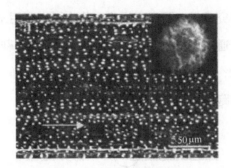

图 3-31 水稻叶表面的乳突

由于水稻叶表面的乳突按一定的方向排列，所以，上面的水珠滚动时，也具有一定的方向性——沿着水稻叶的中轴线方向滚动，而不容易沿其他方向滚动。如图 3-32 所示。

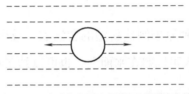

图 3-32 水珠在水稻叶表面滚动具有方向性

研究者模仿水稻叶的这个特点，制备了一种纳米材料（ACNTM），发现水珠也会沿着乳突排列紧密的方向滚动，和水稻叶类似。如图 3-33 所示。

图 3-33 模仿水稻叶结构制备的 ACNTM 膜

2. 花生叶和红玫瑰花花瓣

　　研究者还研究了新鲜的花生叶和红玫瑰花花瓣的表面结构和性质，发现了它们具有一些新的现象和性质：它们都具有疏水性，水在上面会形成水珠，接触角很大，但它们对水珠的黏附力很强，水珠不容易滚落下来。

　　图 3-34 是新鲜花生叶的表面结构。

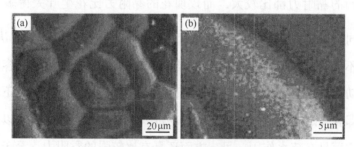

图 3-34　新鲜花生叶的表面结构

　　从图 3-34 中可以看到：花生叶的表面凹凸不平，有很多丘陵状的凸起，它们的尺寸多数为微米尺度，这些凸起之间有比较宽的沟槽。放大观察凸起的表面，可以看到，表面分布着很多不规则排列的纳米尺度的绒毛。

　　图 3-35 是新鲜红玫瑰花瓣的表面结构。

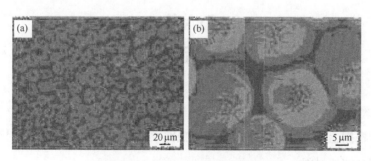

图 3-35　新鲜红玫瑰花瓣的表面结构

从图 3-35 中可以看到：红玫瑰花瓣的表面有很多微米尺度的凸起，它们的形状和花生叶不一样，形状更规则，尺寸和形状基本相同；凸起之间有比较细而深的空隙；另外，放大观察每个凸起的表面，可以发现，表面有很多纳米尺度的绒毛和沟槽。

研究者测量了花生叶和红玫瑰花瓣对水滴的黏附力，发现它们对水滴的黏附力都比较大，而玫瑰花的黏附力比花生叶大得多。

同时，研究者分析了它们和荷叶的性质存在差别的原因，认为：水珠不容易渗入荷叶表面的微结构中，所以黏附力比较低，容易发生滚动；花生叶和红玫瑰花瓣表面的水珠比较容易渗入它们的下层结构，即乳突之间的空隙里，但不容易进入更细微的空隙里。所以，它们一方面具有疏水作用，另一方面还具有比较强的黏附力。至于花生叶和红玫瑰花瓣对水滴的黏附力不同，研究者提出，这种现象的原因可以归结为两者在结构上的区别。

基于对花生叶和红玫瑰花瓣性质的研究，科学家提出，将来可以利用这些研究成果，研制特殊的机械手，或者用来提高机械零部件的润滑性等。

— |第六节| —
发展趋势

根据上述的研究成果，科学家独辟蹊径，研制了多种性能优异的新型自清洁材料。

一、研制"微米-纳米"表面结构的自清洁材料

目前,人们开发的制备"微米-纳米"表面结构的方法比较多,包括模板法、相分离法、阳极氧化法、等离子体刻蚀法、微波等离子体增强化学气相沉积法等。

1. 碳纳米管

碳纳米管是一种新型碳材料,具有很多优异的性质,包括物理、化学性质等。研究者发现,它也具有优异的疏水性,是一种很好的自清洁材料。这是由它的结构特点决定的,可以认为:碳纳米管也具有纳米尺度的表面结构,它们的长度一般是微米级,而直径一般在几十纳米左右。如图3-36所示。

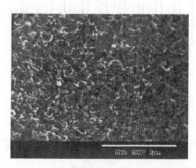 

俯视图 　　　　　　　　　　　　侧视图

(a) 样品1

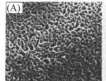   

俯视图　　　　放大的俯视图　　　进一步放大的俯视图　　　侧视图

(b) 样品2

图3-36 碳纳米管的形状

　　研究者还制备了一种具有"蜂房"结构的碳纳米管阵列,如图 3-37 所示。

　　"蜂房"的平均直径是 3~15μm, 由若干根碳纳米管组成,碳纳米管的平均直径是 25~50nm。研究者发现, 这种结构具有超疏水性, 水在上面会形成圆形水珠, 很容易滚落下去, 不会留下任何痕迹。如图 3-38 所示。

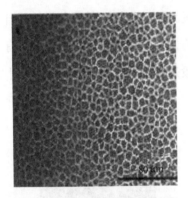

图 3-37 "蜂房"结构的碳纳米管阵列

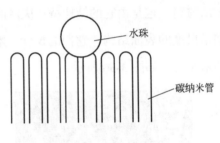

图 3-38 碳纳米管的超疏水性

　　同时, 碳纳米管具有超亲油性, 比如, 把植物油滴在它们的表面, 植物油会形成很薄、很均匀的一层油膜, 如图 3-39 所示。

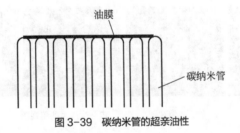

图 3-39 碳纳米管的超亲油性

　　所以, 可以将这种性质用于机械润滑领域, 提高零部件的润滑性。

2. 用亲水性材料制备疏水材料

前期的研究结果表明：即使材料的表面能并不低，但是如果设计成特定的微观结构，也能具有很好的"荷叶效应"。比如，研究者使用具有高表面能的亲水材料，如聚乙烯醇，让它的表面具有"微米 - 纳米"粗糙结构，从而得到了疏水自清洁材料。

3. 具有"微米 - 纳米"结构表面的亲水材料

也可以通过特殊的"微米 - 纳米"结构表面，制备超亲水材料：表面的微孔可以吸附水分，从而在表面形成水膜。

二、"低表面能 + 粗糙结构"的疏水材料

为了获得尽量好的疏水材料，研究者综合利用了"低表面能 + 粗糙结构"两种自清洁原理，包括在粗糙表面修饰低表面能材料，或在疏水材料表面构建粗糙结构。

比如，对碳纳米管进行氟化处理，也就是让它们的表面覆盖一层氟化物，常用的是氟硅烷。因为氟化物的表面能很低，所以它们具有超双疏性，也就是既疏水又疏油，和水的接触角达到了 171°，和植物油的接触角达 161°。如图 3-40 所示。

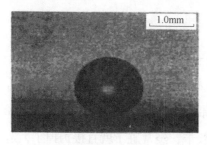 

(a) 未处理(接触角是161°)　　　　(b) 表面修饰了氟硅烷(接触角是172°)

图 3-40　多孔碳纳米管的超疏水性

有人制备疏水自清洁玻璃时，先在玻璃表面镀一层无机金属氧化物，它的表面比较粗糙，然后再修饰很薄的一层低表面能有机物，所以获得了较好的疏水效果。

由于氟化物对环境有危害，所以人们在试图避免使用它。有的研究者用电纺法制备了一种超疏水自清洁材料，这种材料由纳米纤维和聚苯乙烯多孔微球组成，纳米纤维互相交织，形成了一个网络，把多孔微球"捆绑"在里面，多孔微球能起到很好的疏水作用。如图 3-41 所示。

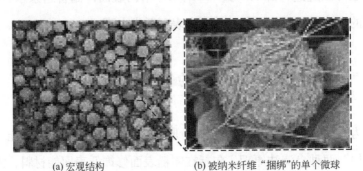

(a) 宏观结构 　　　　　　　　 (b) 被纳米纤维"捆绑"的单个微球

图 3-41　纳米纤维和聚苯乙烯多孔微球组成的超疏水自清洁材料

三、应用

自清洁材料的应用前景很广泛，也很有趣。以疏水型材料来说，它的应用领域包括：

1. 自清洁服装或防水、防污服装——美国总统的领带

笔者曾经听过一个讲座：主讲人将自己的研究成果进行了推广，其中一家服装企业用来生产防油领带。因为人们在吃饭时，领带上经常会沾上油渍，很多人又不愿意洗领带，经常脏了就直接扔掉了，造成了浪费。企业利用"'纳米 - 微米'表面结构＋低表面能物质修饰"

相结合的技术,生产的领带具有优异的"荷叶效应",油渍不容易黏附,方便使用,避免了浪费。

美国前总统布什来我国访问时,就曾收到一条这样的领带作为礼物。后来,在布什总统登上"空军一号"回美国时,仍旧打着那条领带!

2. 在轮船外表涂覆一层疏水涂层

水里的污染物或腐蚀性物质不容易浸入或黏附在轮船表面,所以可以起到很好的防污、防腐蚀作用。

3. 在卫星天线或太阳能接收板表面涂覆一层疏水涂层

可以起到防污、防尘等作用,从而能高质量地接收无线电信号和阳光。

4. 在输油管道内壁涂覆疏水涂层

一方面可以防止管道内壁的腐蚀,另外,还能防止石油黏附、堆积在内壁,从而避免堵塞,提高石油的输送效率。

5. 在注射器内表面涂覆疏水涂层

可以防止药物黏附在内壁,一方面能避免浪费,另一方面,还能避免对注射器的污染。

四、现存的问题和发展方向

1. 性能老化

目前,自清洁材料存在一个突出的问题是性能老化。比如,荷叶、花生叶干了后，疏水效应会减弱甚至消失。这是研究这类材料的难点。

2.影响因素的研究

人们发现，自清洁材料的性能和很多因素有关。

（1）温度　对疏水材料，温度升高，疏水性会提高。原因是：温度升高后，疏水材料的分子间作用力会减弱，所以表面张力下降。

（2）光照　有的研究者制备了 ZnO 阵列纳米棒，这时候它具有疏水性，但是，用紫外线照射 2 小时后，变成了超亲水性；在暗处放置一周后，又转变为超疏水性。

研究者认为，这种现象的原因是：ZnO 经过光照后，表面会产生大量的氧空位，容易吸附水分子，所以表现为超亲水性；在暗处放置一段时间后，容易吸附氧气分子，从而表现为超疏水性。

（3）结构特征　对表面具有"微米 - 纳米"结构的材料，结构的特征会影响水珠的运动方式。

（4）表面能　同一种自清洁材料，对不同种类液体的亲、疏性不同，比如对纯水、植物油、酸碱溶液等。这是因为它们的表面能不同。

（5）亲水 - 疏水性的转变和控制　前面提到，有些材料的亲水性和疏水性在光、热等条件作用下，可以发生转变。研究者发现，聚异丙烯酰胺薄膜也具有这种现象，他们认为，原因是分子内和分子间的氢键存在竞争：在低温时，分子链和水分子形成的氢键会使薄膜的表面能升高；在高温时，分子链内部容易形成氢键，分子链变得致密，表面能降低。

3.生物表面微米 - 纳米结构的仿生制造

研究者模仿花生叶的表面结构，用聚二甲基硅氧烷制造了一种自清洁材料。他们利用了复形技术：第一步，把一片新鲜的花生叶放到培养皿里；第二步，把液态高分子材料倒入培养皿；第三步，使高分子在60~70℃下固化，然后把花生叶剥离，并用氟硅烷修饰固化的高分子表面；第四步，把另一部分液态高分子材料浇注到上一步得到的固化的高分子材料里；第五步，液态高分子固化后，剥离，就得到了仿花生叶表面结构的材料。

这种材料和水的接触角是135°，而且和水的黏附力很大，即使旋转180°倒置，水滴仍黏附在上面而不会落下。如图3-42所示。

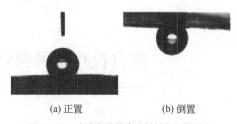

　　　　(a) 正置　　　　　　　(b) 倒置
图3-42　水滴在仿花生叶材料表面的形态

4. 其他品种

除了前期研究的生物体外，将来还需要研究其他品种，比如北极熊的体毛、鱼鳞、鸡的羽毛、鹅和鸭子的脚蹼、蝴蝶翅膀、蚊子眼睛、蜘蛛丝等。

第四章

能自我疗伤的材料
——自修复材料

常言说"千里之堤，溃于蚁穴"，这是因为，如果堤坝上出现一个毫不起眼的蚁穴后，如果不加以重视，及时进行修复，那它会逐渐变大，最终可能导致整个大堤崩塌、洪水泛滥。

类似的情况很常见：比如汽车轮胎，当它的表面出现一两道微小的裂纹时，如果不注意的话，它们会逐渐扩展，变得越来越宽，越来越长，越来越深，最后导致爆胎。如图 4-1 所示。

还有陶瓷制品，表面出现一两条微不足道的小裂纹后，如果不重视，将来很可能会引起陶瓷的破裂。如图 4-2 所示。

 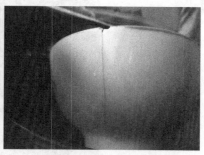

图 4-1　汽车轮胎的裂纹　　　　　图 4-2　陶瓷表面的裂纹

很多人都明白这个道理，但是，在很多时候，这些微小的破坏很难被发现。

有没有办法防止这种情况发生呢？

有。一种叫"自修复材料"的新材料可以解决这个问题。

— |第一节| —
概　述

一、概念

　　自修复材料（self-healing materials）也叫自愈合材料。这种材料最大的特点是，当它发生破坏后，不需要依靠外界的力量，能够自己发生愈合或修复。比如出现裂纹后，经过一定的时间，裂纹能够自动愈合。

　　这种材料的设计灵感来源于生物体：动物受伤后，包括肌肉、皮肤、骨骼等，经过一段时间后，很多可以自愈。植物也有这种功能：树皮被划破后，也可以自己愈合，如图 4-3 所示。

图 4-3　自己愈合的树皮

　　而传统的材料没有这种功能。我们经常看到，一些建筑物的下面立着一块警示牌：瓷砖开裂，谨防掉落！

我们平时使用的盘子，有时候发生碰撞出现了裂纹，刚开始很细小，后来越来越大，直到有一天，整个盘子裂为两半。

很多重要的设备，如车辆、舰艇、飞机零件，在长期使用的过程中，也经常出现裂纹、孔洞等缺陷，如果不能及时发现和修复，它们会影响设备的运行，轻的会使零件性能变差、精度降低、效率下降，严重的会造成零件失效，缩短使用寿命，甚至发生安全事故。

所以，20世纪60年代，材料学家提出：利用仿生技术，仿照生物体的自愈合功能，研制一种新材料——自修复材料，它在受到损伤时能进行自我修复。

二、原理

自修复材料的原理是，材料的破损位置可以从周围获得一定的物质和能量，从而能够得到修复。这些物质和能量有的来自材料自身，有的来自自然界，如空气、阳光等。如图4-4所示。

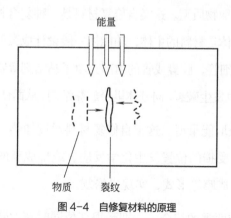

图4-4 自修复材料的原理

自修复材料主要是仿照生物体的自愈功能研制的，但是它们并不是完全照搬生物体，而是有的进行了改变，有的进行了提高和完善。因为生物体的自愈功能也并不是完美的，而是存在一些缺点和不足，比如多数修复速度比较慢，需要的时间比较长；还有的不能完全愈合，而是经常会留下痕迹，即疤痕。

三、类型

目前，人们研制的自修复材料种类比较多，而且不断有新的类型出现。可以按照不同的方法对它们进行分类。

（1）按化学成分，可以分为自修复高分子材料、自修复无机非金属材料、自修复金属材料等。

（2）按自修复机理，可以分为微胶囊自修复材料、可逆反应自修复材料、形状记忆自修复材料、溶剂型自修复材料、氧化还原反应自修复材料等。

（3）按照获取的资源类型，可以分为三类。

第一类：获取物质型。这类自修复材料是一种复合材料，由基体和功能体组成：基体是材料的主体，功能体一般设计成微胶囊或类似的变体形式，比如微细管。胶囊或管的内部充填了黏结剂等物质，基体发生破坏后，功能体也发生破裂，向基体里释放黏结剂，从而使受损部位恢复。

第二类：获取能量型。这类自修复材料通过加热、光线照射等方式，获得能量，受损的位置发生化学反应、或形成新的键合、或范德华力，以结晶、成膜等形式，实现自修复。

第三类：前两类的综合——即受损部位同时获取物质和能量，实现自愈合。

（4）按照修复物质的来源，可分为外援型和本征型。

外援型：指修复物质来源于破坏位置以外。

本征型：指修复物质来源于破坏位置自身，常见的是依靠化学键的重新形成进行修复。

四、应用

自修复材料的作用主要包括：

① 能及时消除安全隐患，避免发生安全事故。

② 能延长材料的使用寿命，减少维修、更换的成本。

③ 能提高材料的利用率，减少浪费，节约资源和能源。

自修复材料的主要应用领域包括以下几方面。

1. 建筑、道路

可以用自修复材料制造水泥和混凝土，它们的表面或内部出现裂纹后（图4-5），能够自己闭合、复原。

2. 汽车

汽车车身、发动机和轮胎都可以用自修复材料制造。用自修复材料制造的车身产生裂纹后，可以自动愈合；用自修复材料制造的发动机发生磨损后，能够自动恢复，从而减少维修成本；德国的研究人员宣布，他们研究了可以自修复的橡胶材料，计划用于汽车轮胎，这种

图 4-5　道路上的裂纹

轮胎发生磨损和裂纹后，都可以自动修复。

　　另外，汽车车身的油漆经常产生划痕（图 4-6），一方面影响车体的外观，另一方面如果划痕较深，还会使内部的金属发生腐蚀。所以，车身的油漆受损后需要进行修补，重新喷漆，而重新喷漆的位置和周围部分经常存在色差。如果采用自修复材料制造汽车油漆，就可以改变这种情况，不需要重新喷漆。

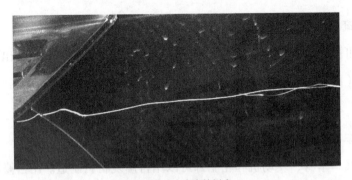

图 4-6　汽车车身的划痕

　　所以，从理论上来说，将来汽车的很多零部件几乎能够终身使用了，汽车也不需要报废了！

3. 机械

很多机械零件在工作过程中，都会发生磨损或产生裂纹。所以，如果用自修复材料制造这些零件，就可以自动修复。

另外，输送石油或天然气的管道上经常受到腐蚀，产生孔洞或裂纹，发生漏油、漏气事故。如果使用自修复材料制造，这些孔洞和裂纹也能自动闭合，从而能防止漏油或漏气，避免经济损失。

4. 自修复服装

比如袜子，现在，我们的袜子磨出一个洞后，即使其他部分仍很好，但也只能扔掉，特别可惜。将来，如果用自修复材料生产袜子，就不会出现这种情况了，可以避免浪费。

5. 手机

平时，人们的手机屏幕易摔碎，如图 4-7 所示。

图 4-7　摔碎的手机屏幕

更换新的屏幕价格很贵，所以很多人宁愿花更多的钱换一个新手机。如果手机屏幕用自修复材料制造，当它摔碎后，可以自动恢复如初！美国加州大学河滨分校的化学家研制了一种自修复材料，产生划痕和裂纹后，依靠材料中的极性分子和带电离子的作用，在24小时内就可以自动恢复！研究者预计，在2020年就可以用这种材料制造手机屏幕。

英国布里斯托大学的教授预言：将来用自修复材料制造的手机屏幕出现划痕后，只要把它们放在窗台上晒太阳就可以——24小时后，就会恢复如初！

资料介绍，早在2013年，韩国LG公司生产的G Flex手机后壳上涂覆了一层自修复涂层，它可以对划痕和裂纹进行自修复。

日本的日产汽车公司研制了一种用于iPhone手机的手机壳，这种手机壳用ABS塑料制造，表面有一层叫Scratch Shield的自修复涂层，手机壳出现划痕后，过几个小时就能实现自修复。

6. 日常生活

纱窗使用时间长了后，会由于老化发生破损，如图4-8所示。

图4-8　破损了的纱窗

更换纱窗很麻烦。如果使用自修复材料制造纱窗，就可以省去这个烦恼。

在日常生活里，自修复材料还有一个妙用——制造"出气"用品：有的人生气时喜欢摔东西，等过一段时间气消了后又非常后悔，因为很多物品摔坏了就不能用了。但下一次生气时仍然控制不住自己，还会接着摔！所以，这造成了不小的经济损失。

另外，很多人应该从电视上看到过，一些网球运动员在发挥不好时，也经常摔球拍。

根据自修复材料的特性，我们可以设想：可以用自修复材料制造一些专门供人们摔或砸的"泄压"物品，比如脸盆、镜子、盒子、凳子、桌子、电视等，可以随便砸、摔，等气消了后再把碎块拼起来，它们会自动恢复，等着下一次被摔、被砸！

— | 第二节 | —
高分子自修复材料

高分子自修复材料最早是在 20 世纪 80 年代被提出的，当时没有引起人们太大的关注。2001 年，英国著名的学术期刊 "Nature" 上发表了一篇关于高分子自修复材料的论文，在学术界引起轰动，迄今为止，人们公认它是这个领域内的经典成果。可以说，它引起了对高分子自修复材料以至整个自修复材料领域的研究热潮，一直持续到现在。如图 4-9 所示。

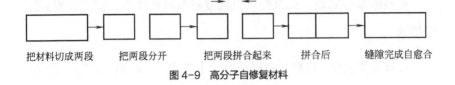

把材料切成两段　　把两段分开　　　把两段拼合起来　　拼合后　　缝隙完成自愈合

图4-9　高分子自修复材料

高分子自修复材料是更容易想到的类型，因为它们的化学组成、微观结构、性能与生物体更接近。既然生物体具有自修复性能，所以有理由认为，更容易研制出高分子自修复材料。

事实上，高分子自修复材料是目前研究最多的种类，目前主要有以下几种类型。

一、微胶囊自修复材料

微胶囊自修复材料是最经典的自修复材料，其他很多品种都是在它的基础上开发的。

它是2001年由美国伊利诺伊大学的Scott White研制的，他根据生物体的结构——肌肉内有很多血管，然后巧妙地进行仿生，研制出一种独特的自修复材料——微胶囊自修复材料。这种材料的结构很特别，是一种复合材料，具有"基体＋微胶囊"结构：基体是高分子材料，里面加入了很多微型的胶囊（比如有一种材料，每立方厘米的体积里包含6～12粒微胶囊）。微胶囊内部充填了修复剂，当基体发生破坏产生裂纹后，微胶囊的外壳会随之发生破裂，里面的修复剂就被释放出来，在毛细管作用下沿着裂缝流动，填充到裂纹里，然后凝固。这样，裂纹就弥合了，从而实现了自修复。如图4-10所示。

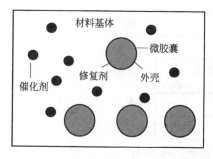

(a) 初始状态

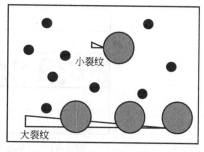

(b) 内部出现了裂纹

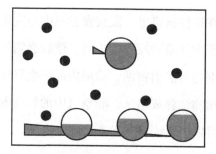

(c) 修复剂填充到裂纹里，完成自修复

图 4-10 微胶囊自修复材料

所以，这种材料是一种典型的仿生材料：基体类似于人的肌肉，微胶囊类似于血管，修复剂类似于血液。

有的基体里还含有催化剂，可以加快修复速度。这点也和生物比较类似：很多动物如狗在受伤后喜欢舔自己的伤口，研究认为，它们这么做的原因是因为它的唾液里含有溶菌酶，可以杀死侵入伤口的病菌，防止感染，从而有利于伤口愈合。

目前，微胶囊材料发展已经比较成熟了，有的已经实现了工业化应用。有的在结构上还进行了改进：比如，有一种汽车用的自修复防腐涂料，人们把它的结构设计成了类似"三明治"的多层结构，如图4-11 所示。

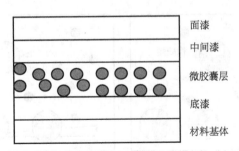

图 4-11 "三明治"结构的自修复材料

可以看到，在这种材料里，微胶囊被集中地安排在一起，形成一个微胶囊层，位于中间漆和底漆的中间。微胶囊的外壳用脲醛树脂制造，里面的修复剂是天然植物油。涂层内部产生裂纹后，微胶囊的外壳破裂，里面的植物油释放出来，和空气中的氧气发生反应，形成网络状的聚合物，可以把裂纹填充起来，进行修复。

测试结果表明：这种材料的自修复性能比较好，原料也便宜，制备工艺也比较简单，成本较低，可以用于汽车、船舶等领域。

设计和制造微胶囊自修复材料时，有几个问题需要注意，因为它们会影响材料的使用效果。

① 微胶囊外壳的强度要合适，需要和基体材料匹配，不能太高也不能太低。要保证在基体产生裂纹后，微胶囊的外壳能随之破裂，释放出修复剂。

② 微胶囊的数量要适当，不能太少也不能太多。因为如果数量太少，当裂纹比较多或比较大时，修复剂不够用；如果微胶囊的数量太多，会降低基体的力学性能，比如强度、硬度等。

③ 修复剂的性质，包括强度、流动性和渗透能力等需要满足要求。总体来说，它的黏度应该比较低，容易流动；另外，要容易浸润基体。

这样才能够保证修复剂尽快地流到裂纹位置，保证修复的效率。

修复剂的凝固速度要适当，不能太慢，但也不能太快，因为太慢会影响修复速度，但也不能太快，因为可能还没有流到裂纹处就凝固了，那样就不能起到修复作用，而且也会堵住其他修复剂的流动通路。

④ 有的修复剂需要催化剂，催化剂一般加在基体里，要求它不能和基体发生反应。

二、中空纤维自修复材料

这种材料的原理和微胶囊自修复材料一样，区别是用中空纤维代替了微胶囊，如图 4-12 所示。

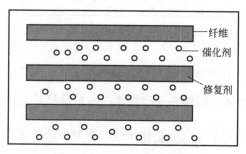

图 4-12　中空纤维自修复材料

和微胶囊自修复材料相比，中空纤维自修复材料有下面几个优点：

① 中空纤维里可以装载较多的修复剂，所以能够修复比较大、数量比较多的裂纹。

② 可以进行多次修复：比如一个位置出现了裂纹，修复时只使用了一根纤维里的一部分修复剂，过了一段时间，那个位置再次出现了

裂纹，它就可以继续使用纤维里剩余的修复剂。

③纤维对基体的力学性能影响比较小，比如强度。

三、中空纤维网络自修复材料

这种材料是在基体里加入中空纤维，而且这些纤维互相连接，构成网络结构，如图 4-13 所示。

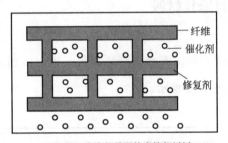

纤维
催化剂
修复剂

图 4-13　中空纤维网络自修复材料

这种材料是对中空纤维自修复材料的进一步改进，它的特点是：结构更接近生物体的结构——动物体内的血管都是互相连接的。

当动物身体的某个部分受伤比较严重时，流了很多血，这个位置的血管中的血液不够用，其他部位的血液会通过血管构成的网络流过来补充。

所以，中空纤维网络自修复材料也具有类似的功能：纤维网络里的修复剂可以互相流动、互相补充——当有的位置出现了比较大的裂纹时，需要较多的修复剂，其他位置纤维中的修复剂就可以支援这里。

另外，这种网络结构可以进一步增强基体的强韧性。

总体来说，微胶囊自修复材料和另两种中空纤维材料具有如下的特点：

① 修复能力比较强，而且修复部位的性能比较好。

② 修复速度比较慢，修复效率较低。

③ 它们的制造工艺比较复杂、难度较高，因为首先需要制造微胶囊，然后再把微胶囊和基体结合起来。

四、可逆化学反应自修复材料

可逆化学反应指有的高分子材料在一定的条件下，比如加热或光线辐照，化学键会发生断裂和重新结合，这个过程具有可逆性。如图4-14所示。

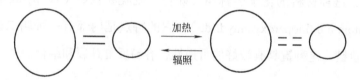

图 4-14 可逆化学反应

所以，人们根据这种原理研制了可逆化学反应自修复材料。常见的一种可逆反应叫 Diels-Alder 可逆反应，呋喃和马来酰亚胺会发生这种反应。

1969 年，研究者就研究了基于 Diels-Alder 可逆反应的自修复高分子材料。但一直到 2000 年，人们才开始重视这种材料。

这种材料产生裂纹后，只要对裂纹附近进行加热，材料就会发生 Diels-Alder 反应和逆反应，化学键先发生断裂，然后重新以新的形式连接起来，这样，裂纹就能得到恢复。如图 4-15 所示。

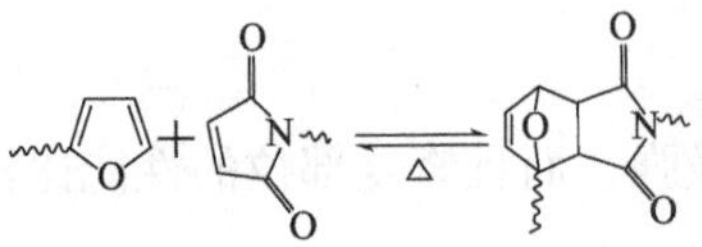

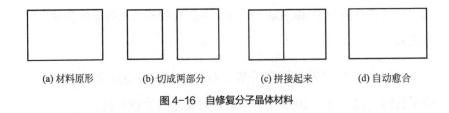

图4-15 呋喃和马来酰亚胺的 Diels-Alder 可逆反应

这种材料的优点是恢复性能很好。

前面介绍的微胶囊材料都属于外援型自修复材料，它们的一个较明显的缺点是：修复剂用完后，材料的自修复能力就会消失。

可逆反应自修复材料属于本征型自修复材料，由于它依靠化学键的重新形成进行自修复，所以，从理论上来说，它的自修复能力是永恒的。

纽约大学阿布扎比分校的研究人员研制了一种自修复分子晶体材料，这种材料的化学名称叫二硫化二吡唑秋兰姆（1H-pyrazole-1-carbothioic dithioperoxyanhydride），它的特点是内部有一种叫二硫键的共价键，这种键具有较好的可逆性，容易反复开裂和结合。

研究者把这种材料分成两片，然后重新拼在一起，经过一段时间后，它们自动"长"在一起了。如图4-16所示。

(a) 材料原形	(b) 切成两部分	(c) 拼接起来	(d) 自动愈合

图4-16 自修复分子晶体材料

研究发现，这种材料发生自修复的原因是裂纹周围的二硫键发生了重新组合，使裂纹两边的分子重新结合在了一起。

这种自修复材料的优点包括：

① 操作简单，容易实现。

② 不需要专门的催化剂和修复剂。

③ 由于反应是可逆的，所以可以对裂纹进行多次重复修复。

④ 修复性能比较好，测试表面进行两次修复后，断裂位置的强度还能达到原来的 78%。

所以，这种材料是一种很有前景的新材料。

但是，这种材料有个缺点，就是需要加热。如果所需的加热温度较高，就不容易实现自修复。有的研究者开发的自修复材料加热温度是 30～40℃，只要经过阳光照射就可以实现自修复。

有的可逆反应自修复材料需要其他方式的激发，比如，美国和日本的研究人员共同开发了一种材料，它需要被紫外线照射激发，材料中的硫原子和碳原子间会反复形成共价键，从而实现自修复。

这种材料的自修复能力很强，资料介绍：即使把它切成碎块，只要把它们重新拼在一起，用紫外线照射一定时间后，它们就会重新"长"在一起！如图 4-17 所示。

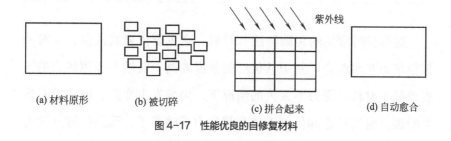

(a) 材料原形　　(b) 被切碎　　(c) 拼合起来　　(d) 自动愈合

图 4-17　性能优良的自修复材料

五、氢键自修复材料

澳大利亚的研究者研制了一种自修复材料，它的化学成分包括支链淀粉、水和盐，支链淀粉和水分子之间会形成氢键。原有的氢键断裂后，在一定的条件下，又会重新组合，所以，这种材料有很好的自修复性能。发生破裂后，把碎块拼在一起，在室温下放置几秒钟，碎块就能"长"上。如图 4-18 所示。

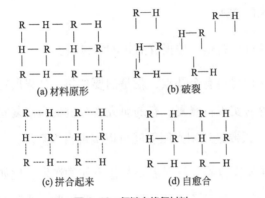

图 4-18　氢键自修复材料

研究者把这种材料用于电路修复、可穿戴设备和柔性电子器件中，效果令人满意。

六、形状记忆自修复材料

这类材料常见的是聚氨酯基材料。它主要依靠共价键、氢键和范德华力互相结合。其中共价键的强度较高，氢键和范德华力的强度较低。材料在受力不太大的情况下，局部发生变形，但并没有发生断裂，因为只是部分氢键和范德华力被破坏了，而共价键并没有断裂。所以，如果对材料进行加热，分子的活动能力变强，氢键和范德华力会重新恢复，变形部分就会恢复，从而完成自修复。如图 4-19 所示。

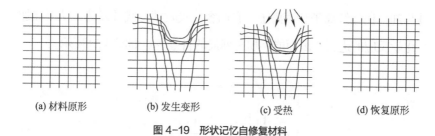

(a) 材料原形　　(b) 发生变形　　(c) 受热　　(d) 恢复原形

图 4-19　形状记忆自修复材料

这种现象属于一种"形状记忆"效应,所以这种材料叫作形状记忆自修复材料。目前的加热温度需要 50～60℃,已经开始用于生产汽车涂料了。

日本的日产汽车公司和立邦公司合作研制了一种汽车涂料,在普通的清漆中添加了这种形状记忆自修复材料,这种自修复材料的成分是氨基甲酸酯丙烯酸树脂。当车身的涂层产生划痕后,只需要在太阳光下照射一段时间,里面的形状记忆自修复材料的分子活动能力增强,划痕周围的分子之间重新形成氢键和范德华力,裂纹就会闭合。

日产公司介绍,使用这种涂料,可以消除划痕、擦伤等缺陷,如果把受损部位加热到较高温度,比如用热风吹,自修复速度会更快,需要的时间会更短。

七、外激励型自修复材料

为了加速化学反应的进行,提高自修复的效率,可以采用光照、加热、施加电场或磁场等措施。2011 年,瑞士的材料学家研制出一种自修复橡胶,它受到紫外线的照射后,裂纹可以自动愈合。另一个研究组研究了一种高分子自修复材料,在上面划了一道 0.2mm 深的划痕,在紫外线下照射了两次,每次 30s,划痕就恢复了。这种材料的化学成分中含有催化剂，比如锌离子和镧离子，它们容易吸收紫外线并发热，从而会加快化学反应的进行，因而能够加速划痕的自修复。如图 4-20 所示。

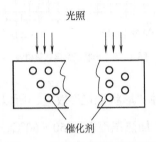

图 4-20　含有催化剂的自修复材料

　　我国的科研人员用一种叫三硫代碳酸酯交联聚合物的材料研制了一种高分子自修复材料，这种材料在紫外线的照射下，可以发生重排反应，分子链会重新结合，形成新的网状结构。这种材料可以用于沥青裂缝的自修复。

八、溶剂型自修复材料

　　这种材料一般也做成"微胶囊 + 基体"的形式，只是微胶囊里装的是溶剂。当基体产生裂纹后，微胶囊发生破裂，里面的溶剂会流到裂纹周围，让那里的基体发生溶解，然后，基体分子间重新形成范德华力或氢键，这样，裂纹就闭合了。然后，溶剂会蒸发，基体重新凝固，从而完成自修复。如图 4-21 所示。

九、凝胶型自修复材料

　　凝胶是一种由分子互相连接形成的空间网络结构的材料，网络空

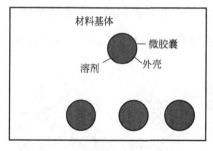

(a) 材料原形

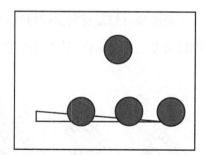

(b) 出现裂纹

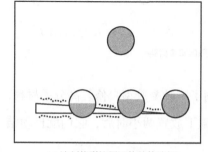

(c) 溶剂将裂纹周围的基体溶解

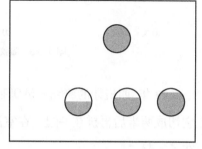

(d) 完成自修复

图 4-21　溶剂型自修复材料

隙中经常充填着液体或气体。如图 4-22 所示。

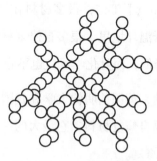

图 4-22　凝胶的空间网络结构

　　凝胶具有一定的弹性。云、雾、硅胶、动物体的肌肉、皮肤、指甲、毛发都是凝胶。

凝胶型自修复材料出现裂纹后，不需要外界刺激，在室温下分子间就会发生重新结合，形成新的凝胶，从而实现自修复。如图 4-23 所示。

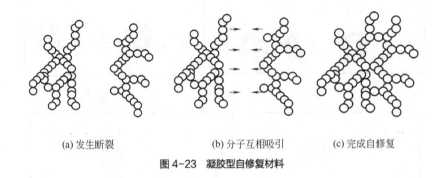

(a) 发生断裂　　　　　(b) 分子互相吸引　　　　(c) 完成自修复

图 4-23　凝胶型自修复材料

2013 年，西班牙的研究人员研制了一种凝胶型自修复高分子材料，把它切成两半后再拼在一起，在室温下放置两小时后，它们就自动结合在了一起。

十、低温自修复材料

有的设备在低温环境下工作，很多材料在低温时的韧性比较低，更容易发生破坏。在低温环境里，很多自修复材料的效果不理想，因为修复剂的流动性会降低，而且化学反应也不容易进行。

为了解决这个问题，英国伯明翰大学和我国哈尔滨工业大学的研究人员研制了一种低温自修复材料，它最大的特点是可以在很低的温度下（-60℃）实现自修复。

这种材料的结构和微胶囊自修复材料比较接近。在微胶囊里填充了修复剂，另外，基体材料中还加入了导电材料，如多孔的铜片或碳纳米管，它们的作用是通电后，可以产生热量，从而能对材料进行加热。这样,材料内部就能保持较高的温度,修复剂就具有较好的流动性,化学反应也容易进行。

图 4-24 是这种材料的结构示意图。

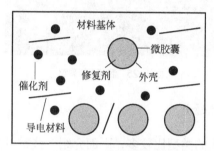

图 4-24　低温自修复材料

这种材料可以应用于一些特殊环境下的设备中,比如航天器和海洋设备。

— | 第三节 | —

自修复混凝土

混凝土是很常见的建筑材料,用量很大。在使用过程中,混凝土经常由于受到外界因素的作用或本身一些因素的影响,发生开裂,如图 4-25 所示。

混凝土产生开裂后,需要及时进行修补,否则,有可能造成严重的安全事故。

但是,对混凝土来说,开裂现象很常见、很频繁,进行修补需要耗费大量的人力、物力、时间和资金。所以,针对这个问题,材料学

图4-25　混凝土的裂纹

家研制了自修复混凝土。

自修复混凝土的类型比较多，下面介绍一些常见的类型。

一、空心纤维自修复混凝土

这种自修复混凝土采用了"基体＋空心纤维"的结构：基体是水泥，有的还加入钢筋，形成了钢筋混凝土，目的是提高水泥的强度。在水泥基体里加入了一定数量的空心纤维，一般是玻璃纤维管。纤维管里面填充了修复剂，一般是一些黏结力比较大的黏结剂。当混凝土出现裂纹后，玻璃纤维管发生破裂，修复剂流出来，渗入到裂纹里，把裂纹填充起来，经过一定的时间，在阳光的照射下，修复剂发生固化，就把裂纹修复了。

这种自修复混凝土能够有效保障建筑物的安全，延长它们的使用寿命，因而在建筑、土木工程如修路、桥梁等领域有很广阔的应用前景。

二、自修复混凝土涂层

普通的空心纤维自修复混凝土实际上存在一个缺点：在多数情况

下，裂纹主要发生在混凝土的表面，然后逐渐向内部扩展。所以，如果空心纤维均匀地分布在整个基体里，实际上会造成很大的浪费。因为距离裂纹比较深的纤维里的修复剂的使用机会很少，没有用武之地，而裂纹附近的修复剂可能还不够用。

常言说，"水往低处流"，修复剂在流动时，更容易从上往下流，所以如果修复剂在裂纹的下面，修复效果和效率都会受到不利影响。

基于上述原因，研究者研制了自修复涂料，把它涂覆在混凝土的表面，形成一层涂层，这样，修复效果更好、效率更高，而且，修复剂得到了充分利用，避免了浪费，同时也降低了混凝土的成本，因为自修复混凝土的价格比普通混凝土贵得多。

自修复涂料有的加入的是纤维管，有的加入的是微胶囊，如图 4-26 所示。

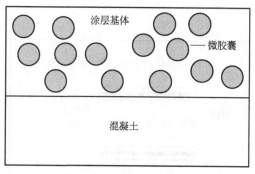

图 4-26　自修复混凝土涂层

三、多功能自修复混凝土

对钢筋混凝土来说，裂纹是一种危害，除此之外，钢筋有可能受到周围混凝土的腐蚀，包括混凝土自身的腐蚀、其中含有的水分以及其他物质的腐蚀，另外，外界的空气或其他腐蚀性物质也有可能渗透进混凝土中，使钢筋发生氧化或腐蚀。

钢筋被腐蚀后，强度会降低，因而会使混凝土的整体强度、承载能力下降，这是很严重的安全隐患。

基于这点，英国的研究者研制了多功能自修复混凝土。这种混凝土中包括两种空心纤维或微胶囊：其中一种负责修复裂纹，另一种负责防止钢筋的腐蚀。负责修复裂纹的纤维管是用玻璃丝和聚丙烯制造的，混凝土产生裂纹后，纤维管破裂，释放出修复剂，将裂纹修复好。另一种负责防止钢筋腐蚀的纤维是防腐蚀纤维，它们包覆在钢筋的周围，这种纤维的一个特点是可以感知周围物质的酸碱度：当周围物质的酸碱度达到一定值后，它认为其会腐蚀钢筋，外壳就发生溶解，释放出里面的保护性物质，包覆在钢筋表面，阻止钢筋受到腐蚀。如图4-27 所示。

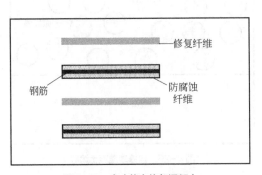

图 4-27　多功能自修复混凝土

四、形状记忆合金自修复混凝土

在第二章第三节提到过，形状记忆合金在发生变形后，具有比较强的恢复能力。所以人们利用它的这一特点，研制了形状记忆合金自修复混凝土。

　　具体方法是：在混凝土里加入一些形状记忆合金丝。当混凝土产生裂纹后，合金丝被拉长，但是由于合金丝有形状记忆功能，它会试图恢复到原来的长度和形状。恢复过程是依靠相变进行的，相变产生的作用力很大，可以使合金丝恢复原来的长度和形状。在合金丝的作用下，混凝土的裂纹会重新闭合，从而完成自修复。

　　图 4-28 是形状记忆合金自修复混凝土的示意图。

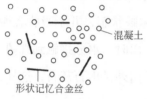

(a) 包含形状记忆合金丝的混凝土

(b) 混凝土产生裂纹，合金丝被拉长

(c) 合金丝恢复原来的长度，使裂纹发生自修复　　(d) 合金丝完全恢复原形，裂纹也完全发生自愈合

图 4-28　形状记忆合金自修复混凝土

五、细菌自修复混凝土

　　荷兰有一所很有名的大学，叫代尔夫特理工大学（Delft University of Technology），它被认为是全世界水平最高的理工类大学之一，被

称为"欧洲的麻省理工学院"。

2012 年，这所学校的一位微生物学家和一位混凝土技术专家开始合作研制一种新型的自修复混凝土——细菌自修复混凝土。

他们的思路很奇特：利用一种细菌来修复混凝土产生的裂纹。这种细菌叫芽孢杆菌，它平时主要依靠乳酸钙作为营养物质，也就是会吸收乳酸钙。乳酸钙被其吸收进体内后，会发生复杂的生物化学反应，最后会生成碳酸钙，然后排出体外。碳酸钙是石灰石的主要成分，混凝土的主要成分正好是石灰石。

所以，这两位科学家把这种细菌和乳酸钙添加到混凝土里，如果这种细菌的周围没有水分，它们就处于休眠状态，并不吸收乳酸钙。当混凝土产生裂纹后，当给它们喷水或下雨时，水分接触到细菌，细菌就会苏醒，于是就开始吸收乳酸钙，并向外排出石灰石，这样，裂纹就被修复了！如图 4-29 所示。

这种细菌对人或其他生物无害，而且能在混凝土中生存几十年的时间。

研究者进行了测试：这种细菌自修复混凝土可以在 3 个星期的时间里修复 0.8mm 宽的裂缝（裂缝的长度和深度没有介绍）。

当然，这种材料目前还有一些问题需要解决：比如，需要想办法控制细菌的状态——因为在没有裂纹的时候，如果下雨了，细菌也会苏醒，开始吸收乳酸钙。假如乳酸钙用完后，混凝土产生了裂缝，这时细菌不能产生石灰石了，于是就失去自修复功能了。

另外，目前细菌的修复效率还比较低，需要的时间比较长，需要设法改进。

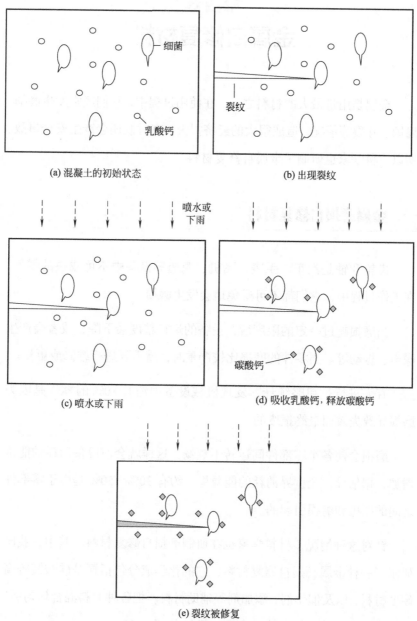

图4-29　细菌自修复混凝土

— |第四节| —

金属自修复材料

金属是用量最大的材料之一，在使用过程中，它们经常发生磨损、腐蚀、开裂等情况，造成很大的经济损失，有时候还会产生安全事故。所以，科学家也研制了金属自修复材料。

一、金属磨损自修复材料

齿轮和轴是汽车、手表、飞机、舰船等设备中不可或缺的零件，在工作过程中，它们都不可避免地会发生磨损。

当磨损超过一定的限度后，设备的运行精度会下降，或者会产生噪声、振动等。当零件的磨损比较严重时，就需要进行维修或更换。

有人进行过粗略统计，发现机械设备中约有80%的零件是因为磨损导致失效而最终报废的。

磨损会使各个零部件间运转不顺畅，这样就会使设备消耗的能量增加，据估计，全世界消耗的能源里，约有30%～50%是由于零部件之间的摩擦和磨损引起的。

针对这种情况，材料学家也在研制磨损自修复材料。其中，我国研制了一种金属磨损自修复材料，它的化学成分包括羟基硅酸镁等高硬度材料，以及催化剂、添加剂等辅助材料。把各种原料混合均匀后，加工成微米级的超细微粒，直径一般只有0.1～10μm。

使用时，把这种材料添加到润滑油里，通过润滑油到达零件的表面。零件发生磨损后，这些微粒会覆盖在磨损部位，通过物理吸附、化学吸附等多种形式和零件表面相结合，最终形成一层硬度很高、厚度很薄，但结合很牢固的保护层，这样，这种材料就起到了对磨损的自动修复作用。如图 4-30 所示。

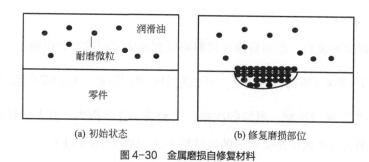

(a) 初始状态　　　　　(b) 修复磨损部位

图 4-30　金属磨损自修复材料

这种自修复材料具有以下优点：

① 羟基硅酸镁的硬度很高，所以形成的保护层的硬度也很高。测试表明，它比零件本身硬 1～3 倍，所以耐磨性很好。

② 除了具有高硬度外，由于材料的颗粒很细，所以保护层的表面很光滑，这就使零部件之间的摩擦系数降低了，从而能减轻各个零部件之间的摩擦作用。

③ 耐高温。众所周知，对大多数材料来说，温度越高，硬度就越低，所以耐磨性就会降低，容易发生磨损。这种自修复材料的耐高温性很好，在高温下也能保持很高的硬度，所以具有很好的耐磨性。

④ 耐腐蚀性好。如果材料的耐腐蚀性不好，就容易和空气、水、润滑油里的物质发生化学反应，表面就会受到腐蚀，出现小坑、小孔、裂纹等，出现这些缺陷后，表面就变得粗糙，容易发生磨损。这种磨损称为腐蚀磨损，是很常见的一种磨损形式。这种自修复材料具有比

较好的耐腐蚀性，所以能够防止腐蚀磨损。

有人可能担心，润滑油里加入这种自修复材料后，润滑油的性能会不会改变。研究者进行了测试，结果表明，这种自修复材料对润滑油的性质没有影响，而且和零件表面的结合力很强，不会发生脱落。

研究者发现，磨损自修复材料可以起到多方面的有益作用：

① 能保证零部件的精度，延长它们的使用寿命，减少安全隐患。

② 能减少维修、更换的次数，从而减少经济损失。有人统计过，在美国，每年由于磨损造成的经济损失达 2000 亿美元以上。

③ 能改善零部件的润滑性，降低零件的摩擦系数，减少润滑油的用量。

④ 设备使用磨损自修复材料后，燃油可以得到充分燃烧，产生的能量也能获得更高效的利用，设备的动力会提高，所以能够节省能源。

⑤ 能够减少尾气、废气的排放，减轻对环境的污染。

当然，这种材料现在也存在一些问题，主要有两个：第一个是成本，包括材料的加工、制造、使用量等。第二个是需要进一步研究和提高在不同工作条件下的使用效果，尤其是在一些极端情况下，比如高速、重载荷、高温、低温或无润滑情况下，这些情况在高铁、航空、航海等领域很常见。

二、氧化还原反应自修复涂层

汽车、家电、轮船等产品中，钢板的用量特别大。大家知道，钢板的主要化学成分是铁，而由于铁的化学活性很强，所以钢板很容易发生氧化、腐蚀，影响设备的正常使用。

1.六价铬自修复涂层

基于此，人们研制了一种氧化还原反应自修复涂层，覆盖在钢板表面。这种涂层的化学成分里含有六价的铬离子，如果涂层发生了破坏，比如产生了裂纹或孔洞，附近的六价铬离子会发生氧化还原反应，生成三价铬离子，三价铬离子又会和氧元素发生反应，生成三氧化二铬。三氧化二铬的结构非常致密，化学性质也很稳定，是一种很好的钝化膜，它把裂纹或孔洞充填起来，就实现了自修复。

这种涂层的自修复原理如图 4-31 所示。

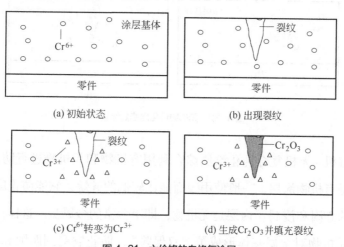

图 4-31　六价铬的自修复涂层

现在，这种技术面临的一个很大的问题是，六价铬离子对人体有害，很多国家都禁止使用。所以，人们都在设法研制无铬自修复涂层。

2. 无铬自修复涂层

无铬自修复涂层有两种类型，一类是无机物钝化自修复涂层，另一类是有机物 - 无机物复合钝化自修复涂层。

无机物钝化自修复涂层的原料是不含铬元素的金属盐，它覆盖在金属基体的表面，一方面会形成一层致密的保护膜，能阻挡外界的腐蚀性物质对金属基体的腐蚀；另一方面，它也具有自修复作用，原理也是金属盐发生氧化还原反应，反应产物能填充裂纹或孔洞，从而继续对金属基体起到保护作用。

现在，国内一些钢铁企业如宝钢集团已经生产出了相关产品。图4-32是它的结构示意图。

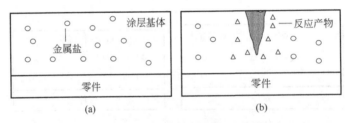

图 4-32　无机物钝化自修复涂层

有机 - 无机复合钝化涂层综合利用有机物和无机物进行防腐蚀，外层是有机物涂层，一般使用表面能比较低的硅烷，它能防止腐蚀性物质的黏附和浸润；内层是无机物，即不含铬的金属盐。这样，有机物和无机物对金属基体形成了"双保险"，防止它受到腐蚀和破坏。万一有机物和无机物都发生了破坏，金属盐就通过发生氧化还原反应，产生自修复，始终保持对金属基体的保护。

图 4-33 是有机 - 无机复合钝化自修复涂层的示意图。

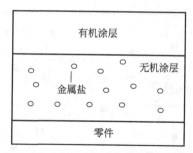

图 4-33 有机－无机复合钝化自修复涂层

三、"老茧"型自修复材料

有一种不锈钢，经常在高温环境下工作，人们发现，它也经常发生破坏。研究者为它设计了一种新型的自修复材料——"老茧"型自修复材料。

这种自修复材料的原理是：在这种钢里加入了硼和氮两种元素。如果钢材的表面发生了破坏，产生了裂纹或孔洞，钢材内部的硼和氮在高温下都很容易发生运动，会从钢材的内部向表面扩散。到达表面后，它们会发生反应，互相结合起来，形成一种叫氮化硼的化合物，把裂纹或孔洞修复起来。

这种化合物的结构特别致密，而且耐热性很好，所以，可以对不锈钢起到很好的保护作用。

另外，由于氮和硼的浓度从钢的内部到表面是逐渐过渡的，所以这层保护层和基体的结合很牢固，不容易脱落。

这种保护层的形成过程和作用跟我们手上的"老茧"很像，所以被称为"老茧"型自修复材料。图 4-34 是"老茧"型自修复材料的形成示意图。

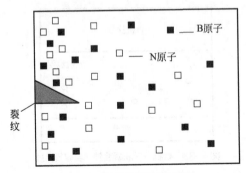

图 4-34 "老茧"型自修复材料

还有一种类似的"老茧"型自修复材料，叫氧化铌。氮化硅陶瓷在高温氧化性环境里工作时，表面容易开裂、剥落，如果不采取保护措施，氧元素会继续向内部扩散，氧化基体，最后使整个陶瓷失效。

为解决这个问题，研究者在氮化硅的内部加了一定量的铌，铌有两个特点：一个是在高温时运动能力很强，另一个是容易和氧元素发生反应，形成氧化铌。所以，这种陶瓷在高温环境下工作时，内部的铌元素就会向表面扩散，到达表面后，就和氧原子结合起来，形成氧化铌。氧化铌很致密，覆盖在整块陶瓷的表面，形成了一层很好的保护层。如果保护层发生了破坏，内部的铌会继续向表面扩散，形成新的氧化铌，把裂纹或孔洞修复起来。

第五章

身边的"辟火罩"
——阻燃材料

　　曾几何时，火给人类带来了温暖、带来了光明、带来了希望，人工取火成为人和动物最大的区别。但是有时候，它也会给人类带来灾难，常言说"水火无情"，指的就是它的危害。材料在燃烧时，会放出大量热量，有时候还会产生有毒气体和浓烟，从而造成重大的经济损失，而且严重威胁人体健康和生命安全。

　　很长时间以来，人类一直在想方设法避免火的危害，甚至想象出了一些神奇的方法，比如，很多人看过《西游记》，其中有一段情节：晚上，唐僧在房间里睡觉，观音院里的僧人想放火把他烧死，孙悟空发现了，就飞到天上，找到一个神仙，叫广目天王。这个天王有一件宝贝，叫"辟火罩"，孙悟空把它借回去，罩住唐僧的房间。结果，大火烧了一夜，周围的房间都被烧成了断壁残垣，而唐僧的房间却完好无损！如图 5-1 所示。

图 5-1 "辟火罩"示意

另外，在《西游记》中，还提到过一种叫"辟火珠"的宝贝：只要拿着它，就可以进入熊熊燃烧的大火中，毫发无损。如图 5-2 所示。

图 5-2 "辟火珠"示意

上述那些"宝贝"是古人想象出来的，寄托了他们美好的愿望。然而，近年来，科学家正在让那些虚幻的工具成为现实，这就是本章要介绍的内容——阻燃材料。

— |第一节| —
概　述

一、概念

从名称上，可以看出阻燃材料的含义：它是一种能阻止燃烧的材料。

具体来说，阻燃材料有两层含义：狭义的阻燃材料又叫阻燃剂，把它加入其他容易燃烧的材料中后，那些材料就不容易燃烧了。广义的阻燃材料既包括阻燃剂，也包括添加了阻燃剂的其他材料，如阻燃塑料、阻燃木材、阻燃服装、阻燃电缆等，这些材料和普通的塑料、木材、服装等相比，不容易发生燃烧。

我们还经常听说"防火材料"，它和阻燃材料不是一回事，它是指具有防火作用的材料，包含的范围比阻燃材料更宽：首先，阻燃材料属于防火材料的一种；其次，防火材料还包括其他一些材料，这些材料不能燃烧，从而能防止其他材料燃烧，比如沙子、水泥、钢板、玻璃等，例如，防火门一般就是用这些材料制造的，里面没有木头等容易燃烧的材料。

二、原理

材料发生燃烧，需要具备三个要素：可燃物质、助燃物质和温度。

（1）可燃物质　就是能够燃烧的物质或材料，包括有机物和无机物，有机物包括汽油、木材、服装、纸张、油漆等，无机物包括硫黄、白磷、特别细的粉末如铝粉等。

（2）助燃物质　指具有助燃作用的物质。氧气是最常见的助燃物质，另外，一些氧化剂也具有助燃作用，属于助燃物质。

（3）温度　材料只有达到一定的温度后，才能发生燃烧。多数燃烧过程是放热反应，会产生热量，从而有助于燃烧的持续进行。但是，燃烧产生的热量也会向周围传播，也就是发生散热。如果产生的热量高于散失的热量和燃烧需要的热量之和时，燃烧就会持续下去，否则就会停止，最后熄灭。

当然，材料的种类不同，燃烧需要的温度也不一样：有的需要较高的温度，而有的在较低的温度下就会燃烧。

图 5-3 是燃烧的三要素。

图 5-3　燃烧的三要素

当满足上述三个要素时，材料就会发生燃烧，否则将终止或熄灭。所以，阻燃材料的原理正好相反：就是设法破坏三个要素，而且只要破坏其中一个，就可以达到阻燃的效果。

具体来说，阻燃材料的阻燃原理包括三方面的措施：

（1）使材料的可燃性降低　让它不易燃烧甚至不能燃烧。

（2）消除助燃物质　比如隔绝氧气，或降低燃烧区域内氧气的含量或浓度。

（3）降低温度　使燃烧反应不能进行。

当然，为了提高阻燃效果，一般采取多种措施，同时控制两个或三个燃烧要素。

三、种类

阻燃材料的种类比较多，按照不同的分类方法，可以分为以下不同的类型。

1. 按照化学组成

可以分为有机阻燃剂、无机阻燃剂、复合阻燃剂等。

（1）有机阻燃剂　包括溴系、氮系、磷系等系列，其中，溴系阻燃剂是最常见的品种，用量最大。

有机阻燃剂和有机物的结合力较好，所以在有机材料如塑料中应用较多。

（2）无机阻燃剂　包括铝系、镁系、锑系、硼系、硅系、锌系等，如三氧化二锑阻燃剂、氢氧化镁阻燃剂、氢氧化铝阻燃剂等。

（3）复合阻燃剂　指由有机阻燃剂和无机阻燃剂构成的复合材料。

2. 按照是否包含卤族元素

可以分为卤素阻燃剂和无卤阻燃剂。

卤素阻燃剂是传统的类型，包括溴系阻燃剂、氯系阻燃剂等。卤素阻燃剂的使用时间很长了，用量也很大。但是它们的燃烧产物对人体有害，会污染环境，所以近年来，人们一直在尝试开发无卤阻燃剂。

3. 新型阻燃剂

近年来，随着材料科学的发展，人们开发了一些新型阻燃剂，如纳米材料阻燃剂、石墨烯阻燃剂等。

四、用途

阻燃材料在很多产品中都获得了应用，比如阻燃塑料、阻燃橡胶、阻燃纤维、阻燃织物、防火涂料（或阻燃漆）、阻燃木材、阻燃纸等，由它们可以进一步制造终端的阻燃产品，如阻燃服装、阻燃电缆、阻燃家具、阻燃地板等。

所以，阻燃材料的应用领域广泛，包括消防、纺织、包装、汽车内饰、电工电子、建筑、化工、国防等。

—— | 第二节 | ——
有机阻燃剂

一、卤素阻燃剂

1. 种类

卤素阻燃剂主要有溴系阻燃剂和氯系阻燃剂两大类。

溴系阻燃剂占主要地位，它的用量占所有有机阻燃剂总量的 80% 以上。常用的溴系阻燃剂有四溴二苯醚（$C_{12}H_6Br_4O$）、五溴二苯醚（$C_{12}H_5Br_5O$）、六溴二苯醚（$C_{12}H_4Br_6O$）、八溴二苯醚（$C_{12}H_2Br_8O$）、十溴二苯醚（$C_{12}Br_{10}O$）、六溴联苯（$C_{12}H_4Br_6$）、十溴联苯（$C_{12}Br_{10}$）等。

氯系阻燃剂主要有氯化石蜡、氯化聚乙烯、聚氯乙烯、四氯邻苯二甲酸酐等。

2. 原理

卤素阻燃剂通过两方面的作用达到阻燃效果。

（1）减少活性自由基，抑制燃烧的链式反应　高分子材料如塑料发生燃烧时，会产生活性物质，称为活性自由基，比如 HO·，它会和 CO 发生反应，生成另一种活性自由基 H·，H· 又会和 O_2 反应，再次生成 HO·。反应式如下。

反应 1：$HO· + CO \longrightarrow CO_2 + H·$

反应 2：$H· + O_2 \longrightarrow HO· + ·O·$

这样，两个反应会交替进行下去，活性自由基的数量和浓度越来越多、越来越高，使得燃烧持续进行。人们把这些反应叫作链式反应。

如果材料中含有卤素阻燃剂，在燃烧产生的高温下，卤素阻燃剂会发生分解，产生卤化氢和其他分解产物。其中，卤化氢会和活性自由基发生化学反应，从而减少它们的数量，降低它们的浓度，这样，链式反应就会减缓或停止，从而达到阻燃的目的。

比如，卤化氢 HX 和活性自由基 HO· 的化学反应过程为：

① 卤素阻燃剂分解，产生卤化氢和剩余物质；

② 卤化氢与活性自由基发生化学反应

$$HX + HO· \longrightarrow X· + H_2O$$

③ 阻燃剂分解产生的剩余物质继续分解，生成新的卤化氢；

④ 卤化氢继续与活性自由基发生化学反应。

（2）使燃烧物质发生炭化　卤素阻燃剂分解产生的剩余物质会使燃烧物质发生脱水、炭化。形成的炭化物覆盖在燃烧物质的表面，这层炭化物不容易燃烧，而且能隔绝周围的氧气，因而起到了阻燃效果。从一定程度上说，这层炭化物层就相当于一个"辟火罩"。

卤素阻燃剂的阻燃原理如图 5-4 所示。

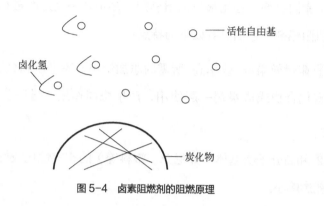

图 5-4 卤素阻燃剂的阻燃原理

为了进一步提高卤素阻燃剂的效果，人们经常加入三氧化二锑（Sb_2O_3），三氧化二锑会和卤素阻燃剂产生协同作用，共同抑制燃烧过程中产生的活性自由基。具体的机理是：

① 卤化物在高温下分解出卤化氢（HX），一部分 HX 会和 Sb_2O_3 发生化学反应，生成 SbOX，接着，SbOX 在高温下又会分解出 SbX_3。SbX_3 具有很好的阻燃作用，因为它可以和活性自由基反应，减少它们的数量和浓度，从而使链式反应减缓或停止。

② SbX_3 的密度很大，会覆盖在燃烧物的表面，把氧气隔离开。

③ SbX_3 还会在火焰上方聚集成颗粒，有的是液体颗粒，有的是固体颗粒，这些颗粒会对燃烧产生的热量起到散射作用，从而能降低火焰的温度，使火焰熄灭。

④ 由于 SbX_3 是由 SbOX 分解产生的，在分解过程中，会从周围吸收热量，所以能降低燃烧温度，从而也能起到阻燃作用。

所以，三氧化二锑能有效地提高卤素阻燃剂的阻燃效果。

3. 特点

卤素阻燃剂是使用最早的阻燃剂，多年来一直是产量和用量最大的有机阻燃剂。它们具有以下的特点：

① 阻燃效果好、效率高、所需的添加量小。还可以和金属氧化物、盐、磷化合物或成炭剂一起使用，产生协同作用，进一步提高阻燃性能。

② 和高分子类基体（如尼龙、塑料等）的相容性比较好，对它们的性能影响小。

③ 多数卤素阻燃剂的价格较低。

一般来说，溴系阻燃剂的阻燃性能比氯系好，效率更高，和高分子基体的相容性更好，对基体的性能影响更小，所以应用更广泛。

氯系阻燃剂除了上面几点不如溴系外，热稳定性也比较差，在温度较高时容易失效。阻燃尼龙里经常使用氯系阻燃剂，添加量一般是15%~30%，为了改善阻燃效果，还经常加入 4%~15% 的金属氧化物，包括三氧化二锑、三氧化二铁、氧化锌、硼酸锌等。

但是，卤素阻燃剂也存在一些缺点，主要包括：

① 它释放的卤化氢有毒、有腐蚀性。

② 在阻燃过程中，会产生浓烟。研究表明，发生火灾时，烟雾对人的影响比火焰本身更大——几乎 80% 以上的死亡者是由于烟气窒息造成的。所以，对阻燃剂来说，抑制烟雾是一项重要指标。从保护人的角度来说，抑烟的意义更大。

③ 有时候会产生其他的有毒物质。

④ 卤化氢会促使一些基体材料（如尼龙）发生裂解，使基体材料变质。

⑤ 基体材料产生的裂解产物有的具有可燃性，所以会降低阻燃效果。

所以，现在很多国家开始限制卤素阻燃剂的使用。

二、无卤阻燃剂

为了避免卤素阻燃剂具有的缺点，人们开发了无卤阻燃剂，常见的包括有机磷阻燃剂、有机氮阻燃剂和有机硅阻燃剂等。

1. 有机磷阻燃剂

有机磷阻燃剂的种类比较多，包括磷酸酯、亚磷酸酯、有机磷盐、含磷多元醇、磷杂环化合物、聚合物磷酸酯等。

有机磷阻燃剂的阻燃机理比较复杂，包括凝聚相阻燃和气相阻燃。

（1）凝聚相阻燃 高聚物发生燃烧后，有机磷阻燃剂会在高温下分解，产生含磷的含氧酸，这种酸能强烈地促进高聚物中的羟基化合物发生脱水和炭化。

羟基化合物发生的脱水反应属于吸热反应，会从周围吸收大量热量，使温度降低；脱水形成的水蒸气能稀释氧气和活性自由基的浓度。

形成的炭化物很像一个"辟火罩"。首先，它本身不容易燃烧，所以就减少了易燃物的数量；其次，炭化物覆盖在燃烧物的表面，把燃烧物质和氧气隔开，产生阻燃作用；再次，炭化物的导热性很低，能起到比较好的隔热作用，使燃烧物质的温度下降，所以不利于燃烧的进行。

磷的含氧酸一般是黏稠的液体，覆盖在炭层表面，进一步增强了隔氧和隔热效果。可以说，这层液体酸形成了另一个"辟火罩"。

（2）气相阻燃 有机磷阻燃剂分解后产生的气态产物里含有 PO·，它会和活性自由基 H·和 OH·发生化学反应，降低它们的含量，因而起到减缓燃烧或终止燃烧的作用。化学反应过程为：

$$H_3PO_4 \longrightarrow HPO_2 + PO· + 其他$$

$$PO· + H· \longrightarrow HPO$$

$$HPO + H· \longrightarrow H_2 + PO·$$

$$PO· + HO· \longrightarrow HPO + O·$$

另外，有机磷阻燃剂可以和卤素、硫等产生协同作用，进一步提高阻燃效果。

有机磷阻燃剂的阻燃原理如图 5-5 所示。

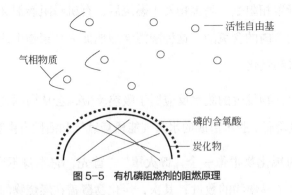

图 5-5　有机磷阻燃剂的阻燃原理

有机磷阻燃剂的特点包括：

① 阻燃性能较好，效率较高；

② 在使用过程中，不会产生有毒有害的物质，产生的烟雾也较少；

③ 它可以增加高聚物基体的塑性。

所以，有机磷阻燃剂较好地克服了卤素阻燃剂的缺点，具有较好的发展前景。

2. 有机氮阻燃剂

有机氮阻燃剂主要包括三聚氰胺、双氰胺、三聚氰胺磷酸盐、其他含氮的杂环化合物等。

它的阻燃机理和有机磷类似，主要也包括以下两个方面。

（1）凝聚相阻燃　有机氮在高温下分解，分解产物促进燃烧物质发生炭化，炭化层不容易燃烧，而且会发生膨胀发泡，覆盖在燃烧物的表面，隔绝了氧气和热量传递，降低了温度，从而起到阻燃作用。

（2）气相阻燃　有机氮阻燃剂在高温下分解，释放出氮气、氨气、氮氧化物、水蒸气等气体，在这个过程中，需要吸收大量的热量；有一部分阻燃剂会发生升华，也需要吸收很多热量。这样，燃烧物表面的温度就会降低；另外，不易燃烧的气体会稀释氧气和可燃性气体以及活性自由基的浓度。

有机氮阻燃剂的特点包括：

① 阻燃效果好，效率高；

② 在阻燃过程中，分解产物的毒性小、腐蚀性小，产生的烟雾少；

③ 热稳定性高，在阻燃过程中，不容易发生分解、失效；

④ 和基体材料的相容性也很好。

所以，有机氮阻燃剂也是一种很有前景的阻燃剂。

3. 有机硅阻燃剂

有机硅阻燃剂包括硅树脂、有机硅氧烷、聚硅氧烷、硅氧烷共聚物、聚硅硼烷等。

有机硅阻燃剂主要是通过凝聚相阻燃机理实现阻燃的：材料里加入有机硅阻燃剂后，在燃烧时，有机硅阻燃剂会发生熔化，液体在毛细管作用下，沿着燃烧物质的缝隙发生扩散，最后把燃烧物质分割包围起来。和有机磷、有机氮的机理类似，有机硅的熔化产物能够促进燃烧物质的表面发生炭化，形成一层特殊的含硅的炭化层，这层炭化层的结构很致密、性质很稳定，把将燃烧物质和周围的氧气隔离开，也起到很好的隔热作用，能降低燃烧区的温度，还能阻止燃烧物质的分解产物扩散，抑制材料热分解和链式反应的进行。

有机硅阻燃剂是一种新型的无卤阻燃剂，它具有以下特点：

① 阻燃效果好、效率高；

② 分解产物的毒性低，产生的烟雾少；

③ 可以和其他类型的阻燃剂产生很好的协同效果；

④ 有机硅阻燃剂还能改善基体材料的多种性能，包括力学性能、加工性和耐热性等。

— |第三节| —

无机阻燃剂

无机阻燃剂的化学成分是无机物。和有机阻燃剂相比，无机阻燃剂在工作过程中，一般不会释放有毒有害和有腐蚀性的气体。

无机阻燃剂的种类比较多，现在仍不断有新的类型出现。

一、氢氧化铝阻燃剂

氢氧化铝是用量最大的无机阻燃剂，它的阻燃原理包括以下几个方面：

① 当基体材料燃烧时，氢氧化铝会吸收热量，发生分解，从而降低燃烧区的温度，阻止燃烧。

② 氢氧化铝的分解温度比较低，在200℃左右就开始吸热、脱水了，而且吸热量很大。这使得它在燃烧初期就能够起到阻燃作用，能够推迟燃烧的发生。

③ 氢氧化铝的分解产物包括水和三氧化二铝。水会吸收大量的热量，成为水蒸气，一方面能有效地降低燃烧区的温度；另一方面，水蒸气能够稀释氧气、可燃气体以及活性自由基的浓度，从而起到阻燃作用。

④ 分解产生的三氧化二铝是固体颗粒，它们会覆盖在燃烧物的表面，起到隔绝氧气和隔热的作用，相当于一个"辟火罩"。

⑤ 氢氧化铝掺杂在基体材料中，本身也降低了可燃性材料的浓度，使它不容易燃烧。

氢氧化铝阻燃剂的阻燃原理如图 5-6 所示。

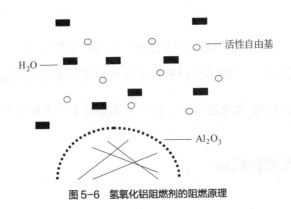

H_2O —

— 活性自由基

— Al_2O_3

图 5-6　氢氧化铝阻燃剂的阻燃原理

氢氧化铝阻燃剂的特点包括：

① 在使用过程中，不会产生有毒有害气体。

② 不会产生浓烟。

③ 原料丰富，价格便宜。

④ 氢氧化铝也可以和其他类型的阻燃剂共同添加使用，起到很好的协同作用。

⑤ 它对基体材料能起到一定的填充作用，能降低基体的成本。

所以，氢氧化铝阻燃剂的应用很广泛，涉及塑料、橡胶、涂料、建材等多种产品，目前，氢氧化铝的用量占无机阻燃剂总量的 80% 以上。

它的缺点主要有两个：

① 分解温度比较低，所以只能用于加工温度比较低的材料中，如

果加工温度高于200℃，它就会失效。

② 如果它在基体材料中的添加量太多，会影响材料的力学性能，比如强度、韧性等。

二、氢氧化镁阻燃剂

氢氧化镁是另一种使用广泛的无机阻燃剂，它的阻燃机理和氢氧化铝基本相同，但又有自己的一些特点：

① 在基体材料燃烧时，氢氧化镁会吸收热量，发生分解，从而降低燃烧物质的温度。但氢氧化镁的分解温度比氢氧化铝高：在350℃才发生分解，吸热量也比氢氧化铝高约17%，所以降温效果更好。

② 分解出的水分会降低燃烧物质的温度，而且能稀释氧气、活性自由基和可燃性气体的浓度。

③ 分解生成的氧化镁形成一个"辟火罩"，覆盖在燃烧物质的表面，起到隔绝氧气、阻止热量传递的作用。

④ 抑烟作用，在阻燃过程中，氢氧化镁不会产生有毒有害的物质，生成的活性氧化镁的表面积很大，具有很强的表面活性，会大量吸收基体燃烧产生的有害气体，如 SO_2、NO_x、CO_2、烟雾、活性自由基等，一方面能起到阻燃作用，另一方面，也能起到很好的抑制烟雾的作用。

⑤ 对基体材料也具有填充作用。

图5-7所示为氢氧化镁阻燃剂的阻燃原理。

所以，氢氧化镁的阻燃、抑烟效果更好，在塑料、橡胶、涂料、建材、电工电子等行业中应用广泛。

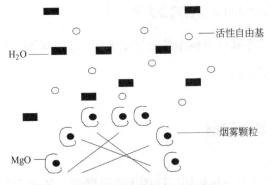

图 5-7　氢氧化镁阻燃剂的阻燃原理

　　同样，氢氧化镁和高分子基体材料的相容性比较差，二者间会存在比较明显的界限甚至孔洞，所以，如果添加量过多，会影响基体的力学性质。目前，人们采取的一种措施是，在添加之前，先进行一些表面处理，然后再添加进去。

　　由于氢氧化镁的分解温度高，所以和氢氧化铝相比，它的耐热性更好，这对基体材料的加工更加有利——加工温度可以提高，产品的性能会更好，内部缺陷少、表面质量高，而且能提高生产效率，降低生产成本。

　　氢氧化镁的价格比氢氧化铝高，所以为了降低成本，很多时候，都是把二者混合起来使用，这样就能兼顾性能和价格了。

三、无机磷系阻燃剂

　　无机磷系阻燃剂主要包括红磷、磷酸盐等，其中红磷应用更广泛。

　　如果把红磷加入基体材料中，当基体材料燃烧时，红磷从以下几个方面起到阻燃作用：

①在高温下发生化学反应，形成磷酸、聚偏磷酸等物质。它们能促使燃烧物质发生脱水并炭化。这个过程需要吸收大量的热量，因而会降低燃烧区的温度，起到阻燃作用。

②炭化层不容易燃烧，覆盖在表面，会隔绝周围的氧气；它的导热性也很低，会阻止热量的传播，因而也起到阻燃作用。

③磷酸和聚偏磷酸是不易挥发的稳定化合物，它们一方面会吸收热量，另一方面还会覆盖在燃烧物质的表面，隔绝氧气、传热和燃烧活性物质的扩散。

④磷在高温下会发生氧化，形成的 PO· 会吸收活性自由基 H·，阻碍燃烧的进行。反应式是：PO·+H·══HPO。

⑤燃烧物质脱水形成水蒸气会吸收大量的热量，而且水蒸气会稀释氧气、活性自由基和可燃性气体的浓度，阻止链式反应。

红磷的阻燃原理如图 5-8 所示。

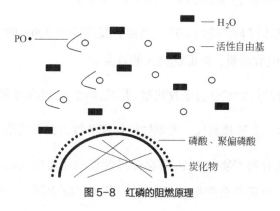

图 5-8 红磷的阻燃原理

红磷的特点包括：

①阻燃效果好、阻燃效率高。

② 在阻燃过程中不会释放有毒气体。

③ 抑烟效果好，不产生浓烟。

④ 我国的磷资源丰富，所以磷系阻燃剂的价格较低。

它的缺点包括：

① 化学性质比较活泼，容易吸潮、氧化，释放有毒物质。

② 红磷的颜色是暗红色，这会影响基体材料的外观。

③ 和高分子基体材料的相容性不太好，会影响基体的性能。

为了克服红磷的缺点，人们采取了一些方法，比如用胶囊包覆、进行表面处理、稳定化处理等。

四、水合硼酸锌

水合硼酸锌的阻燃通过以下几个方面进行：

① 当基体材料燃烧时，产生高温，温度高于300℃时，硼酸锌会发生分解，吸收热量，降低燃烧区的温度。

② 分解产生的水分会吸收热量，形成水蒸气，降低燃烧区的温度。

③ 水蒸气会稀释氧气、可燃性气体和活性自由基的浓度。

④ 其他分解产物如 B_2O_3 等会促进燃烧物质发生炭化，炭化层和这些分解产物覆盖在燃烧物的表面，形成"辟火罩"，隔绝空气并隔热，还会抑制可燃性气体的产生和燃烧物的热分解作用，从而形成阻燃作用。

⑤ 如果和卤素阻燃剂配合使用，在高温下，硼元素会和卤族元素

发生反应，生成卤化硼，它会和水反应生成卤化氢，卤化氢能够吸收活性自由基，减缓或中断燃烧的链式反应，从而起到阻燃作用。

水合硼酸锌的阻燃原理如图 5-9 所示。

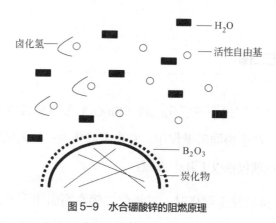

图 5-9　水合硼酸锌的阻燃原理

水合硼酸锌的特点包括：

① 阻燃效果好、效率高。

② 在阻燃过程中，不会产生有毒气体和腐蚀性气体。

③ 有很好的抑烟作用，能减少烟雾的产生。

④ 热稳定性较高：在 300℃时才会分解，所以有利于基体材料的加工。

⑤ 和高分子材料基体的相容性比较好，对它们的性能如强度、塑性的影响较小。

⑥ 除了阻燃作用外，硼酸锌还可以对基体材料起到防腐、防虫蛀、防霉等作用。

⑦ 价格比较便宜。

所以，水合硼酸锌是一种很有前景的阻燃剂，尤其是卤素阻燃剂的很好的替代品，目前已经广泛应用在塑料（包括 PVC、PE、PP、增强聚酰胺、聚苯乙烯、环氧树脂等）、橡胶、涂料、纸张、纺织、地板、地毯、壁纸等产品中。

五、三氧化二锑

前面已经介绍过，三氧化二锑（Sb_2O_3）可以和其他类型的阻燃剂共同使用，产生协同阻燃作用。它也可以作为一种无机阻燃剂单独使用，阻燃机理包括以下几个方面：

① 基体材料发生燃烧时，三氧化二锑在高温作用下会熔化为液体，在熔化过程中，会吸收热量，使燃烧区的温度降低，从而起到阻燃作用。

② 熔化后的三氧化二锑会覆盖在燃烧物质的表面，隔绝周围的氧气，同时阻止热量传递，起到"辟火罩"的作用。

③ 部分三氧化二锑会发生气化，从而会吸收更多的热量，降低燃烧区的温度。

④ 气态的三氧化二锑会稀释氧气、可燃性气体以及活性自由基的浓度。

三氧化二锑的阻燃原理如图 5-10 所示。

三氧化二锑的阻燃效果比较好，尤其是和溴系阻燃剂一起使用时，会发挥出很好的协同阻燃效果，而且和高分子基体材料的相容性很好，对它们的性能影响很小，所以，三氧化二锑现在广泛用于多种塑料包

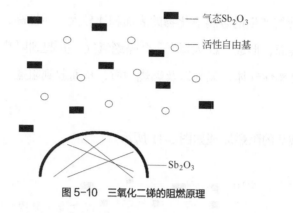

图 5-10　三氧化二锑的阻燃原理

括聚乙烯、聚丙烯、聚苯乙烯、聚氯乙烯、工程塑料(ABS)、尼龙、橡胶、油漆、涂料、合成树脂、纸张等产品中。

除了三氧化二锑外,锑还有一种氧化物——五氧化二锑(Sb_2O_5),它也具有很好的阻燃效果。

六、其他无机阻燃剂

1. 碳酸盐

常见的有碳酸镁、碱式碳酸镁、碳酸氢铵、碳酸氢钠等。它们的阻燃机理如下。

① 基体材料在燃烧时,碳酸盐或碱式碳酸盐在高温下会发生分解,吸收热量,降低燃烧区的温度。

② 分解产生的 CO_2 会稀释氧气、可燃性气体和活性自由基的浓度。如果使用碱式碳酸盐,还会分解出水分,吸收的热量更多,对氧气、可燃性气体和活性自由基的稀释作用也更大。

③分解产生的金属氧化物的表面积比较大，活性高，会覆盖在燃烧物的表面，形成"辟火罩"，会隔绝氧气，并起到隔热作用，还能够吸附可燃性气体、氧气以及燃烧物质，从而起到阻燃、抑制烟雾等作用。

碳酸盐的阻燃原理如图 5-11 所示。

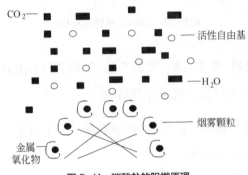

图 5-11　碳酸盐的阻燃原理

碳酸盐和碱式碳酸盐阻燃剂的分解温度比较高，所以热稳定性好，便于产品在高温下加工，且阻燃功能不会丧失。

另外，这类阻燃剂的原料很丰富，所以价格比较便宜。

除了前面几种阻燃剂外，研究者开发了一种新型碳酸盐阻燃剂——碳酸镍，并测试了它的阻燃效果。结果表明，它和磷 - 氮系阻燃剂共同使用，可以产生很好的协同效应——加入量只有 2%，而阻燃效果有了明显提高。

研究者进行了分析，认为这是因为碳酸镍可以促进基体材料的炭化，使炭化层的厚度增加，而且稳定性很好，从而起到很好的隔绝氧气和隔热效果，阻止了燃烧物的热分解反应和链式反应。如图 5-12 所示。

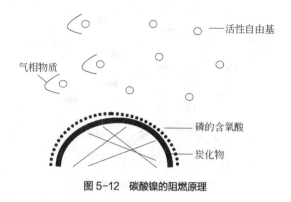

图 5-12　碳酸镍的阻燃原理

2. 磷 - 氮系阻燃剂

包括磷酸铵、聚磷酸铵、磷酸铵钠、磷酸二氢铵和磷酸氢二铵等，其中，聚磷酸铵的应用很广泛。

聚磷酸铵的阻燃机理包括以下几个方面：

① 基体材料燃烧时产生高温，聚磷酸铵吸收热量发生分解，因而降低了燃烧物质的温度。

② 分解产物包括自由基 $PO\cdot$、$PO_2\cdot$、氨气、水等。其中 $PO\cdot$、$PO_2\cdot$ 可以吸收燃烧的链式反应所需的活性自由基，使链式反应减缓或终止。另外，这些分解产物还会稀释氧气、可燃性气体的浓度，起到阻燃作用。

③ 分解产物还会促进燃烧物质的脱水和炭化，炭化层会隔绝氧气、阻止传热，阻碍燃烧物质发生热分解反应。

④ 在高温下，聚磷酸铵和分解产物还会发生复杂的化学反应，生成黏稠的聚磷酸等液态物质，覆盖在燃烧物质表面，隔绝氧气，阻止传热，阻碍燃烧物质发生热分解反应。

阻燃原理如图 5-13 所示。

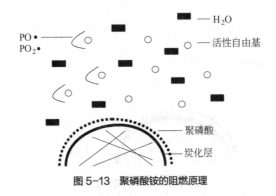

图 5-13　聚磷酸铵的阻燃原理

聚磷酸铵的特点主要包括：

① 抑制烟雾的作用很好，所以产生的烟雾很少。这是它最大的优点。

② 所含有的磷和氮元素会产生很好的协同效应，因此阻燃效果比较好。

③ 分解产物的毒性比较低。

④ 聚磷酸铵的热稳定性比较好，不容易失效。

缺点是吸湿性比较大，容易吸收空气里的水蒸气，对基体材料的性能影响比较大。

3. 钼系阻燃剂

钼系阻燃剂包括三氧化钼、钼酸铵、钼酸锌、钼酸钙等。这类阻燃剂最大的特点是具有阻燃和抑烟双重功能。它们的作用机理包括：

① 钼容易发生氧化还原反应，能促进燃烧物质的炭化。炭化层起到隔氧、隔热作用，抑制燃烧物的热分解。

②钼会和可燃物发生化学反应，减少它们的数量和浓度。

③钼会和烟雾的母体发生化学反应，消耗它们，从而能减少烟雾的生成。

钼系阻燃剂的阻燃原理如图 5-14 所示。

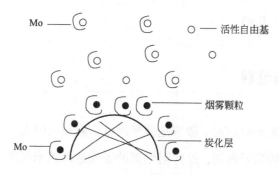

图 5-14　钼系阻燃剂的阻燃原理

钼系阻燃剂可以和其他类型的阻燃剂共同使用，产生很好的协同效应。

钼系阻燃剂的缺点是价格较高，而且有的本身有毒性，需要注意防护。

4. 其他金属氧化物

如铝化物、铁化物等，它们具有很好的消烟作用，机理和钼类似。

5. 矿物类阻燃剂

主要是利用矿物中的有效成分加工成阻燃剂，最典型的是水镁石矿，它的主要成分是氢氧化镁。所以，这类阻燃剂的最大优势是原料丰富，价格比较便宜。

—— | 第四节 | ——
新型阻燃材料

近年来，人们研究了一些新型阻燃材料，它们有一些新奇的特点。本节介绍其中几种。

一、纳米阻燃剂

传统的无机阻燃剂一般都是微米尺度，颗粒比较大。近年来，人们开始研制纳米阻燃剂，这些阻燃剂的颗粒达到纳米尺度，从而具有一些新的特性：

① 表面积大大增大了，表面能提高了，反应活性也提高了，所以阻燃性能明显提高了，包括阻燃效果和效率，而且可以减少阻燃剂的添加量。

② 和基体材料的结合性得到了改善，在很多时候，纳米阻燃剂的添加不但不会降低基体材料的性能，反而会提高了它们的性能，如强度、韧性等。

纳米阻燃剂的形状包括纳米颗粒（如纳米氢氧化铝、纳米三氧化二锑）、纳米纤维（如纳米硼酸锌晶须）、纳米薄片（如层状黏土、片状石墨）等。

1. 蒙脱土阻燃剂

蒙脱土是一种天然矿物，它的主要化学成分是 SiO_2、Al_2O_3 等，它的显微结构是一种纳米层状结构，如图 5-15 所示。

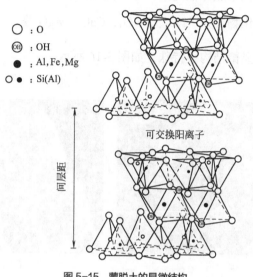

○ ：O
◎ ：OH
● ：Al, Fe, Mg
◐ ：Si(Al)

可交换阳离子

同层距

图 5-15　蒙脱土的显微结构

蒙脱土的阻燃机理为：

① 它的内部含有大量的微孔，吸附了大量的水分。在可燃物燃烧时，水分会蒸发，吸收大量热量，从而能降低燃烧区的温度。

② 微孔具有很强的吸附能力，可以吸附活性自由基，阻碍燃烧的链式反应。

③ 蒙脱土的导热性很低，可以隔绝热量传递，阻止燃烧物质的热分解反应。

④ 可以起到隔绝氧气的作用。

2. 硅藻土阻燃剂

硅藻土是由一种叫硅藻的海洋植物形成的：它们在死亡后，遗骸经过几百万年的沉积，在复杂的地质作用下，经过矿化，最后形成了硅藻土。它的化学成分很复杂，主要是 SiO_2，此外还有水分、少量有机物和金属氧化物，如 Al_2O_3、Fe_2O_3、CaO、MgO 等。

硅藻土的显微结构很特殊，如图 5-16 所示。

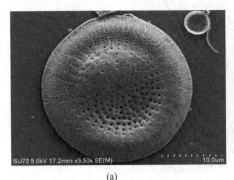
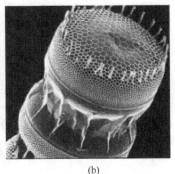

(a)　　　　　　　　　　　　　(b)

图 5-16　硅藻土的显微结构

从图中可以看到，它的内部具有很多孔洞，所以具有很好的吸附性，人们已经把它用于空气净化、啤酒过滤、甚至医用血浆过滤，在核设施里，也用它来吸附放射性物质。在一些美容面膜里，也加入了硅藻土，用来吸附面部的杂质。

使用硅藻土作阻燃剂，可以从以下几个方面达到阻燃效果：

① 它的内部有很多微孔，孔隙率很高，所以可以吸附很多水分。在高温受热时，会吸收热量，分离出水分，降低燃烧区的温度。

② 高温分离出的水分和有机质会继续吸热气化，一方面降低燃烧区的温度，另一方面，能稀释氧气和可燃性气体。

③ 硅藻土内部的微孔可以吸附大量氧气、活性自由基等，阻止燃烧物质的热分解反应。

④ 硅藻土的隔热性很好，能阻碍燃烧过程的热量传递。

另外，硅藻土还具有其他几个特点：

① 密度低、重量轻。

② 熔点高、热稳定性很好。

③ 硬度高、耐磨性好。

④ 和基体材料的结合强度高，能提高基体材料的力学性能。

⑤ 对人体无毒无害。

⑥ 价格便宜。

所以，硅藻土是一种纯天然的环保型阻燃剂，具有很好的发展前景。

3. 水滑石阻燃剂

水滑石也是一种很好的纳米层状结构阻燃剂，它的显微结构如图 5-17 所示。

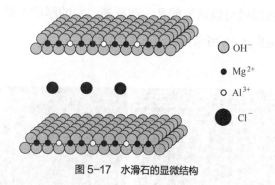

图 5-17　水滑石的显微结构

它的阻燃机理包括：

① 在高温下会分解出水和二氧化碳，吸收大量热量。

② 分解出的水和二氧化碳可以稀释氧气和可燃性气体。

③ 内部所含的结晶水和羟基会在不同的温度发生分解（一般在200~800℃），所以，它能在较宽的温度范围内持续发生作用。

④ 它的纳米片层被剥离后，可以覆盖在燃烧物质的表面，形成"辟火罩"，起到隔绝氧气、隔热、隔绝活性自由基扩散的作用。

二、石墨烯阻燃剂

石墨烯是近年来材料科学、化学、物理等学术领域以及产业界的一个热点。它在很多方面都具有优异的性质，比如强度、柔韧性、熔点、耐热性、耐腐蚀性、导电性、导热性、光学性能、生物活性等，所以，它被认为是一种革命性的新材料，在材料、能源、电子、能量存储、航空航天、生物医药、海水淡化、环保等很多领域都具有重要的应用前景。它的发现者——英国曼彻斯特大学的两位科学家安德烈·盖姆和康斯坦丁·诺沃肖洛夫为此获得了 2010 年的诺贝尔物理学奖。

其实，石墨烯可以认为就是一层石墨，它的厚度很薄，只有一个碳原子厚，如图 5-18 所示。

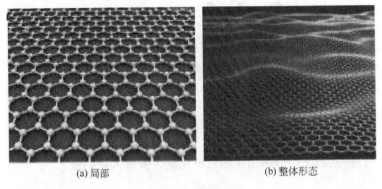

(a) 局部　　　　　　　　　　(b) 整体形态

图 5-18　石墨烯示意图

　　一片 1mm 厚的石墨片,实际上是由 300 万层石墨烯叠起来形成的。在纸上写的铅笔字可能是几十层或几百层石墨烯叠起来的,如图 5-19 所示。

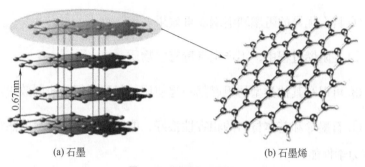

(a) 石墨　　　　　　　　　　　　　　(b) 石墨烯

图 5-19　石墨和石墨烯

　　近年来,人们也开始用石墨烯制造阻燃材料了,它的阻燃机理包括下面几个方面:

　　① 从示意图上看,石墨烯好像有很多很大的孔,但是实际上,这些孔是非常小的,氧气和其他燃烧性气体完全不能通过这些孔,所以,它能把燃烧材料和氧气隔离开,使燃烧材料无法获得氧气。

　　② 燃烧过程中的链式反应需要的活性自由基也难以扩散,所以链式反应会被截断。

　　③ 石墨烯的导热性很好,带来的一个好处是,燃烧部分的热量会被迅速传导到其余部分,所以火焰不容易蔓延。

　　④ 石墨烯的比表面积很大,吸附能力很好,能够吸附燃烧过程中产生的可燃性气体,并阻止它们的释放和扩散,从而抑制燃烧物质的热分解。

　　⑤ 石墨烯还会吸附燃烧产生的有毒有害物质,包括气体和烟雾,

从而产生阻燃和消烟的双重效果。

所以，石墨烯是一种新型的"辟火罩"。

石墨烯阻燃剂的特点包括：

① 具有优异的阻燃和消烟双重效果。

② 在阻燃过程中，不产生有毒有害物质。

③ 可以和其他类型的阻燃剂一起使用，起到很好的协同效果。

④ 石墨烯和基体材料的相容性很好，能够提高基体材料的热稳定性和力学性能。

三、碳纳米管阻燃剂

碳纳米管是另一种新型的碳材料。它是由碳原子构成的管状结构，相当于把石墨剥下一层或几层（即石墨烯），然后再卷起来形成的一根管子，如图 5-20 所示。

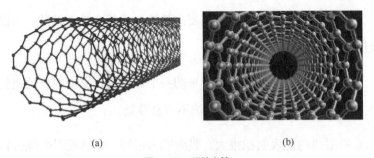

(a)　　　　　　　　　　　　　(b)

图 5-20　碳纳米管

碳纳米管是在 1991 年被发现的。当时，日本 NEC 公司研究室的科学家饭岛（Lijima）在用电子显微镜观察球状碳分子时，偶然发现了这种结构，后来，人们把它称为碳纳米管。

由于它的结构很奇特，所以世界各国的很多研究人员对它进行了多方面的研究，结果发现，它有很多优异的性能，比如强度特别高、柔韧性很好，还有优异的导电性、导热性、耐高温性、耐腐蚀性等。

由此，人们认为，碳纳米管在未来的新材料、能源、电子等行业中具有巨大的潜在应用价值，有的研究者甚至提出，用它来制造新型的防弹衣。

近年来，研究者开始研究碳纳米管的阻燃性能，发现它可以在以下几个方面起到阻燃作用：

① 它本身不可燃，包覆在燃烧物质的表面，能够隔绝周围的氧气。

② 碳纳米管的导热性优异，可以把燃烧区的热量迅速传播，从而降低燃烧区的温度，起到阻燃作用。美国国家标准与技术研究院（NIST）的研究人员发现，碳纳米管可以有效地阻止聚氨酯泡沫中火焰的蔓延，从而阻止它的燃烧。

③ 碳纳米管的吸附性能很好，可以大量吸附活性自由基，减少它们的数量和浓度，从而减缓或中断链式反应的进行。

④ 可以阻止可燃性气体的扩散和传播。

⑤ 如果与其他阻燃剂一起使用，可以起到很好的协同作用。

碳纳米管目前存在的问题，主要是和基体材料的结合力需要提高。为此，人们采取了一些办法，比如对它进行改性处理，把一些化学基团如—NH_2和它连接起来，这些基团和基体材料的结合力比较好。

由于碳纳米管的形状是纤维状，尺寸很小，为纳米尺度，所以它可以有效地提高基体材料的强度和韧性，而且所需的添加量不大。

四、富勒烯阻燃剂

富勒烯也叫足球烯，是 1985 年发现的由碳元素构成的新结构，如图 5-21 所示。它的三位发现者由此共同获得了 1996 年诺贝尔化学奖。

图 5-21　富勒烯

人们发现，富勒烯有很好的耐高温性、耐腐蚀性、耐高压性，以及超导性和强磁性。

同样，科学家也研究了它的阻燃性能。

首先，它是由碳元素构成的，所以，包覆在燃烧物质的表面，可以隔绝周围的氧气。

其次，由示意图可以看到，富勒烯就像一个笼子，所以它的吸附性能很好，可以大量吸附氧气、活性自由基、可燃性物质，减少它们的数量和浓度，减缓甚至中断链式反应的进行。

最后，可以阻止可燃性气体的扩散和传播，抑制燃烧物质的热分解反应。

目前，作为阻燃剂来说，富勒烯面临的问题首先是成本仍比较高，解决这个问题的一个方法是实现工业化的大规模生产。它的原料——石墨的价格比较便宜，主要的问题是生产技术。

另外，富勒烯和基体材料的相容性也需要解决，目前，人们主要是通过将一些活性化学基团和它连接以解决这个问题。

第六章

"空调"服装
——智能调温材料

2018 年的夏天被称为"有史以来最热的一年"，温度高、持续时间长。而且不只我国，很多国家都特别热，连北极圈内的温度最高都达到了 30℃，严重威胁了北极熊的生存！

科学家认为：这种情况是由温室效应、厄尔尼诺等现象造成的，由于它们不能在短时间内被消除，所以，将来可能每年夏天都会很热，甚至会越来越热！

对天气的冷、热，我们普通人很难改变和控制，只能想办法适应。在室内，这个问题已经得到了解决——空调和暖气。但是在室外，人们还是深受高温酷暑和寒风刺骨的折磨。

在不久的将来，这个问题有望得到解决：近年来，材料学家正在研究一种新型的智能材料，叫"调温材料"，也叫"空调材料"，穿着用它做的衣服，就好像时时刻刻处在空调房间里一样——这样，无论在炎炎烈日下，还是冰天雪地里，都能实现"冬暖夏凉"的梦想。

—— |第一节| ——
概　述

一、概念

"调温材料"就是能自动调节温度的材料。比如调温纤维或调温纺织品：当周围的温度比较高时，它会吸收热量，达到降温的作用；当周围的温度比较低时，它会放出热量，达到升温的作用。这样，它就能产生空调的效果，使温度始终处在一个稳定的舒适范围里，不至于太热或太冷。如图 6-1 所示。

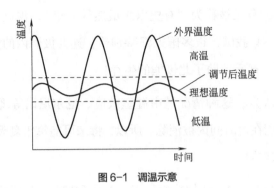

图 6-1　调温示意

所以，这种衣服就是真正的"空调"服装：在夏天，可以永远西装革履，而不会汗流浃背；在冬天，也可以告别臃肿的羽绒服，而且也不用忍受"美丽'冻人'"的痛苦了。

二、原理

调温材料属于一种储能材料，目前，人们研制的调温材料主要通过下面几种方式达到调节温度的作用。

1. 导热调温

这种材料在不同的时间，热导率不一样——比如，在夏天时，热导率比较高，这样就能把身体的热量尽快散出去，起到降温作用；在冬天，热导率比较低，就能很好地保存身体的热量。如图 6-2 所示。

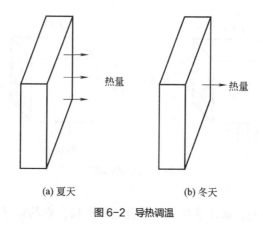

(a) 夏天　　　　　　　(b) 冬天

图 6-2　导热调温

2. 热容储能调温

热容是材料的一种物理性质，就是每种材料都能容纳一定的热量。材料的种类不同，容纳热量的能力是不同的，也就是热容值不一样，有的材料的热容值比较大，而有的比较小。

中学物理课程里讲过，水的热容值是比较大的。所以在海边，夏天和冬天的温差比较小：因为在夏天，海水能从周围吸收很多热量，使周围的温度降低，在冬天，海水能向周围释放很多热量，使温度升高。

每种材料都是这样，如果要让它的温度升高，它就需要吸收热量，也就是要对它加热；如果要让它的温度降低，它就要向周围放出热量。

如果把材料放到一个高温环境里，这相当于对它加热，它就会吸收热量，把热量储存起来，人们把这种现象叫作加热储能，也叫显热储能或热容式储能。如果把材料放到一个低温环境里，它储存的热量就会释放出来。

每种材料都有一个临界温度，在这个温度以上时，它会吸收周围的热量，在这个温度以下时，它就会向周围释放热量。如图 6-3 所示。

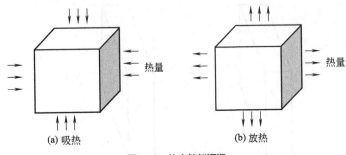

(a) 吸热　　　　　　　　　(b) 放热

图6-3　热容储能调温

对衣服来说，如果能找到一种合适的材料，它的临界温度在15～25℃左右，这样，在这个温度范围以上，也就是夏天，它会吸收热量，这就起到了降温的作用；在这个温度范围以下时，也就是冬天，它又会释放热量，所以就起到了加热的作用——这自然就是"空调"服装了。

3.仿生调温

这种材料采用了仿生技术，它的结构是模仿人的皮肤。我们知道，皮肤上有很多毛孔，在夏天，毛孔会张开、变大，有利于散热，而在冬天，毛孔会收缩、闭合，保持体温。

这种材料上也设计了很多气孔，而且这些气孔也会发生膨胀和收缩：在温度高时，气孔会扩大，所以就容易散热；当温度低时，气孔收缩甚至闭合，从而起到保温作用。如图6-4所示。

4.相变调温

这种方式是利用材料发生相变来调节温度。

很多材料都会发生相变，比如我们熟悉的水结冰、水变成水蒸气、冰融化成为水、水蒸气凝结为水都是相变。发生相变时，材料会吸热或放热：比如水结冰时，会向周围释放热量；冰融化变成水时，会从

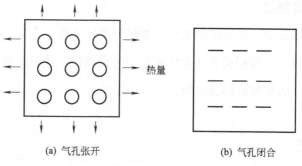

(a) 气孔张开　　　　　　　　(b) 气孔闭合

图 6-4　仿生调温

周围吸收热量。

材料的相变有以下几个特点：

① 从周围吸收热量时，周围的温度会降低，向周围释放热量时，周围的温度会升高。

② 不同的材料，发生相变的温度不同：有的在室温发生相变，有的在 1000℃甚至更高才发生相变。

③ 不同的材料发生相变时，吸收或释放的热量也不一样，也就是调节温度的能力不一样。同样重量的材料，有的能释放或吸收大量的热量，从而使周围的温度变化很明显，而有的却感觉不到温度的变化。

所以，可以利用这种现象，研制性能优良的相变材料，实现调节温度的作用，如图 6-5 所示。

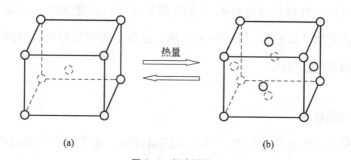

(a)　　　　　　　　　　　(b)

图 6-5　相变调温

5. 化学反应调温

我们都知道，化学反应也存在吸热和放热现象：在某个方向发生反应时会吸热，在相反方向发生逆反应时就放热。所以，也可以利用这种原理，研制智能调温材料。

三、种类

按照不同的分类方法，可将调温材料分为不同的类型。

1. 按化学成分

可以分为无机调温材料、有机调温材料和有机 - 无机复合调温材料。

2. 按调温功能

分为单向调温材料和双向调温材料。

单向调温材料只能在一个方向调节温度，比如只能升温或只能降温，功能比较单一。

玉石就属于一种单向调温材料，在夏天的时候，古人经常用玉石降暑，还有人睡觉时使用玉石枕头和玉石床垫。但是在冬天，就要把它们换掉了。相同的道理，竹凉席也属于一种单向调温材料。

双向调温材料可以在两个方向调节温度：既能降温，又能加热。可以说更加"体贴"，既知冷又知热，是真正的智能材料、空调材料，一年四季都能使用。

3. 按作用机理

分为热容式调温材料、相变式调温材料、化学反应调温材料、仿生类调温材料等。

（1）热容式调温材料 热容式调温材料的优点是使用比较方便、简单，缺点是储能密度比较低，调温效果较差，效率较低，不容易保持恒温。

（2）相变式调温材料 也叫相变储能材料或潜热储能材料。材料发生相变时，吸收或放出的热量（称为相变潜热）一般都比较大，所以这种材料的储能密度比较高，调温效果比较明显，使用也比较方便。在整个调温过程中，材料本身基本保持恒温。目前，这是应用比较多的调温材料。

相变式调温材料也可以分为不同的类型：按照相变温度，分为低温相变材料、中温相变材料、高温相变材料。低温相变材料的相变温度范围一般是 −20~200℃，中温相变材料的相变温度范围一般是 200~500℃，高温相变材料的相变温度范围一般在 500℃以上。

另外，按相变的形态，可以分为固 - 固相变材料、固 - 液相变材料、固 - 气相变材料、液 - 气相变材料等。

（3）化学反应调温材料 即化学反应储能材料，它的储能密度比较大，但缺点是由于在调温过程中发生化学反应，有的产物会对基体材料有影响，有的产物是液体或气体，所以使用不太方便。

（4）仿生类调温材料 具体的调节方式比较多，包括前面提到的利用材料的收缩性质来调节，还有其他特别巧妙的方式，比如窗口式、细菌式等，后面会详细介绍，到时候，你一定会折服于科技的力量，感叹"创意无限"！

四、应用

调温材料的主要应用领域包括普通服装，建筑和家居材料，修路，太阳能，野外作业领域，特种作业工作服，公共设施，医疗保健，能源利用，设备、仪器保护等。

1. 普通服装

这是距离我们普通人最近、也最令人期待的应用领域。

网上曾报道过一篇文章：日本有个公司研制了一种空调 T 恤，在这种衣服的背部安装了一个风扇，可以帮助人体降温。但总感觉它看起来有点别扭，而且只能在夏天使用。如图 6-6 所示。

图6-6 空调 T 恤

现在的空调（自调温）服装比那种衣服前进了一大步，它们的外观和普通服装基本一样，而且更重要的是，它们能在春、夏、秋、冬各个季节使用。现在有的公司已经做出了相关的产品，包括自动调温外衣、内衣，甚至还有袜子、鞋垫、床上用品等，可以用于军事、航空航天、野外勘探、考古等很多领域。资料介绍，美国军方正在研究一种智能自调温军服，计划在 5 年内供应美国部队使用。

2. 建筑和家居材料

包括自调温水泥、混凝土、内墙涂料、壁纸、地板等，它们能够自动调节房间内的温度，这样，人们居住会更加舒适。而且，这些材料是自动调节温度的，并不需要消耗电能，所以具有节能、减排的作用。

3. 修路

调温材料在修路领域也有潜在的应用价值，比如，在冬天时，它能提高路面的温度，使路面不结冰，从而能够保障车辆行驶的安全性；在夏天，它能降低路面温度，既可以减少轮胎的磨损，也能降低车辆的油耗。

4. 太阳能

可以制造太阳能电池，吸收阳光的热量，转化为热能或电能，用于取暖、照明、光伏发电、新能源汽车的动力等。这种材料的储能密度比目前的太阳能电池材料——多晶硅高，而价格却比较便宜，所以是一种很有前景的材料。

5. 野外作业领域

包括工程建设、军事、勘探、考古、航空航天、航海等，如果用调温材料制造相关的产品，包括服装、宿营用品、饮食容器等，就可以改善相关人员的生活和工作条件。

6. 特种作业工作服

有的行业的工作环境很恶劣，比如消防、冶炼企业等。前些年，笔者曾去一个钢铁公司参观，发现工厂每隔一段时间，就用铁桶给车间工人送一桶冰棍，目的是为他们降温，否则，工人的身体会严重失水。

有的研究者提出，可以用调温材料制造这些行业的工作服，来改善工作人员的工作条件，保护他们的身体健康。

7. 公共设施

相信很多人都发现了这种现象：夏天时，路边、公园里的座椅上都会坐满人，而冬天，却很少有人去坐。道理很简单，冬天的时候，那些椅子太凉。

所以，有的研究者提出，用调温材料制造这些座椅和其他一些公共设施，这样，它们在夏天和冬天就都能使用了。

8. 医疗保健

也可以用调温材料制造一些医疗保健用品，如护膝、护颈等，对一些疾病的治疗、身体保健都能起到一定的作用。巴西一个叫 Rhodia 的公司研制了一种纤维，它的里面含有一种自调温材料，用这种纤维生产的衣服能够自动调节温度，还能够改善血液微循环，起到一定的保健作用。

9. 能源利用

自调温材料还可以用于工业领域，比如能源利用，包括对天然能源的利用，如太阳能、地热能等，或者对工业生产过程中产生的废弃能源的利用，如工业废气、废水、废渣含有的余热。现在，这些能量很多都没有得到有效的利用，白白浪费了。而自调温材料有可能在这方面起到一定的作用，将它们储存起来，加以利用。

10. 设备、仪器保护

有的设备和仪器要求在特定的温度下工作，但是它们的工作环境有可能比较恶劣，有时候温度很高，有时候温度很低，比如在沙漠地区以及航空航天、航海等领域。

法国和日本最早发射的人造卫星运行时间很短就失效了——法国的卫星只运行了 2 天，而日本的卫星只运行了 15 个小时，都没有绕地球一圈。原因就是在太空里，卫星被阳光照射的部分和无阳光照射的部分温差比较大，这样，相关的材料和仪器很快就发生了损伤。

所以，如果用调温材料制造相关的零部件或保护部件，就可以使产品始终在恒温下工作，保证它们的精度和使用寿命。

五、性能

调温材料要获得广泛应用，需要满足一定的性能要求，主要包括：

（1）储能密度 要求调温材料的储能密度足够大。这样，调温范围比较宽，效果更明显，效率也更高，而且能减少调温材料的用量，从而降低成本。水的储能密度比较大，所以调温效果比较明显。

（2）使用安全 调温材料应该无毒、无害，没有腐蚀性，不会污染环境。

（3）性质稳定 调温材料的化学成分和性质应该稳定、可靠，在使用过程中不发生变质、失效，保证足够的使用寿命。

（4）足够的强韧性、塑性 在使用过程中，自身能承受一定的外力，不发生破坏。

（5）和基体材料有较好的相容性，结合牢固 比如，热膨胀系数尽量和基体材料接近，这样，在调温过程中，调温材料和基体材料的体积变化能够同步，不会影响互相之间的结合。

（6）性能影响小　对基体的性能影响较小。

（7）较好的加工性　容易加工成型，使用比较方便。

（8）原料易得　原料丰富、容易获得，成本比较低。

— | 第二节 | —
化学成分

在调温服装和其他相关产品中，无疑，调温材料（或储能材料）的性能起着至关重要的作用，它们直接影响调温功能，包括效果、效率、制造工艺、成本等。

调温材料的种类很多，它们各有特点，性能互不相同。在不同的领域里，需要选择不同的材料。下面介绍几种常见的调温材料。

一、石蜡

石蜡是一种典型的调温材料。美国航空航天局（NASA）研制的著名的 Outlast 智能调温纤维，就选择石蜡作为调温材料。

石蜡是烷烃的混合物，化学组成比较复杂，主要成分的分子式可以表示为 C_nH_{2n+2}（n 一般在 17～35 之间）。对这些成分来说，它们的分子链的长度不同，熔点也不同，比如，$C_{18}H_{38}$ 的熔点是 28℃，$C_{30}H_{62}$ 的熔点是 66℃。所以，石蜡没有固定的熔点，而是有一个熔化温度范围。

石蜡调温的原理是：当周围的温度升高，超过它的熔点时，它就会发生熔化，从周围吸收热量，这样，周围的温度就会降低；当周围的温度低于它的熔点时，它就会发生凝固，向周围放出热量，从而使周围的温度升高。如图 6-7 所示。

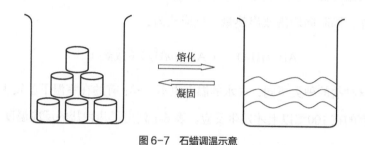

图 6-7　石蜡调温示意

石蜡的熔化潜热比较高，也就是熔化时可以吸收比较多的热量，凝固时能放出较多的热量。所以，石蜡的调温效果比较好，而且性能比较稳定，对人无毒无害，也没有腐蚀性；另外，它的原料很容易获得，价格很便宜。

石蜡的缺点是导热性比较差，发生熔化和凝固时，体积变化比较大。

二、无机材料

无机调温材料的种类比较多，包括带结晶水的盐、熔点较低的盐、金属等。其中，带结晶水的盐应用比较多，常见的有 $Na_2SO_4 \cdot 10H_2O$、$CaCl_2 \cdot 6H_2O$、$Na_2CO_3 \cdot 10H_2O$、$MgCl_2 \cdot 6H_2O$、$Na_2HPO_4 \cdot 12H_2O$ 等。德国的研究者就在微胶囊调温材料里使用了 $Na_2SO_4 \cdot 10H_2O$ 作为调温材料。

关于带结晶水的盐的调温原理，很多人都明白：在高温时，它们会从周围吸收热量，发生分解，失去结晶水，反应式为：

$$AB \cdot mH_2O \longrightarrow AB + mH_2O（吸热）$$

当温度低时，失去水分的盐会吸收周围的水分，重新变为带结晶水的盐，同时向周围放出热量。反应式为：

$$AB + mH_2O \longrightarrow AB \cdot mH_2O（放热）$$

这种盐的种类不同，失水的温度也不一样：有的在室温下就发生反应，有的在100℃以上才发生反应。表6-1列出了几种盐的反应温度。

表6-1　几种盐的反应温度

种类	$Na_2SO_4 \cdot 10H_2O$	$CaCl_2 \cdot 6H_2O$	$Na_2CO_3 \cdot 10H_2O$	$MgCl_2 \cdot 6H_2O$	$Na_2HPO_4 \cdot 12H_2O$
反应温度 /℃	32	29	34	100	35

所以，人们可以根据自己的需要，选择合适的材料。

无机调温材料的特点包括：

① 相变潜热较高，所以储能密度高，调温效果好。

② 导热性比较好。

③ 多数无机调温材料的价格比较便宜。

④ 但是，很多无机调温材料在调温过程中会产生液体，所以使用不太方便。另外，有的材料对人体有一定的危害，或者具有腐蚀性。

三、固－固相变材料

前面介绍的两类调温材料在调温过程中都会产生液体，所以在使用时，都需要用容器密封起来，这样，整个制造过程就比较麻烦，成本较高。

固-固相变材料的调温原理是：这种材料在固体状态下，当它处于某个温度以上时，它们的原子按照某种方式排列；在这个温度以下时，原子按另一种方式排列。人们把每种排列方式称为这种材料的一种"相"；材料从一种"相"变成另一种"相"叫作相变；发生相变的温度叫作相变温度或相变点。

当材料周围的温度升高超过它的相变温度时，它就会发生相变，从原来的相变化为一种新相，在这个过程中，材料会吸收热量，从而使周围的温度降低；当周围的温度低于它的相变温度时，相变向相反的方向进行，材料会向周围放出热量，从而使周围的温度升高。而且，在相变过程中，材料始终保持为固态，不会产生液体或气体。

实际上，熔化和凝固也属于相变，称为固-液相变。而固-固相变材料在相变过程中，始终是固体，所以就不需要专门的容器，这样在制造产品时就比较方便。

另外，固-固相变材料还有其他一些特点：

① 相变潜热比较大，所以储能容量大，调温效果比较好。

② 在固-固相变过程中，体积变化比较小，所以对整个产品的影响比较小，包括体积、结合力等。

③ 固-固相变材料的性能比较稳定，使用寿命比较长。

固-固相变材料的缺点是相变温度一般比较高，多数都在室温以上，比如，高密度聚乙烯的相变温度在120～135℃范围内，所以，这类材料不适合做服装、家居用品等。

按照化学成分，固 - 固相变材料包括无机材料和有机材料，如一些多元醇、层状钙钛矿、KHF$_2$ 等。

— ｜第三节｜ —
微胶囊调温材料

微胶囊调温材料是最经典、应用最广泛的调温材料。

一、原理

这种材料由基体和微胶囊组成：先制造很多个微胶囊，微胶囊里装着调温材料，然后把微胶囊和基体混合在一起。微胶囊里的调温材料在高温时能吸收热量，在低温时释放热量，从而起到自动调温的作用。如图 6-8 所示。

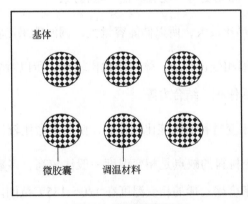

图 6-8　微胶囊调温材料

二、起源

微胶囊调温材料起源于 20 世纪 70 年代。那时候，美国国家航空航天局（NASA）正在大力发展航天技术。研究人员发现，由于太空中的温度变化很剧烈，会严重威胁宇航员的安全和航天器的正常运行。为了保护宇航员和精密仪器的安全，NASA 的研究人员研制了这种特殊的材料：把石蜡填充在微胶囊里，再把微胶囊加入腈纶纺丝液中，制造成纤维。它们给这种材料起了个名字，叫 Outlast 智能调温纤维。用这种纤维制造宇航员的服装和精密仪器的保温材料，效果很好。

20 世纪 90 年代，这种材料开始应用于民用领域。1997 年，NASA专门成立了一个公司，从事智能调温材料的研究，并把 Outlast 注册了商标，将它向民用行业推广。

三、制造方法

微胶囊调温材料的制造方法是：

① 制造微胶囊。把调温材料封装在微胶囊的内腔里。微胶囊的尺寸很小——有的直径只有 1～5μm，用肉眼根本看不到。

② 把微胶囊和纤维基体材料放入溶液里，并混合均匀。

③ 将混合物进行纺丝，得到调温纤维。

④ 把调温纤维制造成纺织品，比如布料、服装、家居用品等。

微胶囊调温服装的工艺流程如图 6-9 所示。

图6-9 微胶囊调温服装的工艺流程

图 6-10 是微胶囊调温纤维的图形。

图6-10 微胶囊调温纤维

微胶囊法是目前制造调温材料最主要的方法，它的特点包括：

① 调温效果好。

② 微胶囊和基体材料的结合力比较大。

③ 特别适合制造固 - 液相变型或产生液体的调温材料，微胶囊可以起到容器的作用。

四、微胶囊的制造

对微胶囊调温材料来说，微胶囊的性能起着决定性作用，一般来说，要求微胶囊本身应该有足够的强度、韧性、耐热性、导热性、耐腐蚀性、耐磨性、耐水性等。为了满足这些性能的要求，一方面需要选择合适的材质，另外还要采用合适的制造方法。目前，微胶囊的制造方法有下面几种。

1. 原位聚合法

原位聚合法的步骤是：

① 把调温材料制造成微粒。

② 把微粒分散在溶剂中，搅拌，让微粒分布均匀。

③ 把微胶囊外壳原料加入上述的溶剂里，加入的速度应该比较慢，同时不断进行搅拌，避免原料凝聚成团。

④ 微胶囊外壳原料在溶剂里发生聚合反应（有的原料需要进行加热），反应产物沉积在调温材料微粒的表面，逐渐把它们包裹起来，形成很多微胶囊。

原位聚合法如图 6-11 所示。

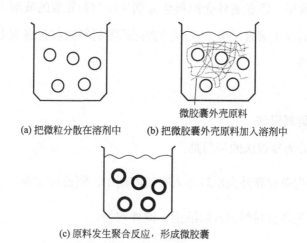

(a) 把微粒分散在溶剂中   (b) 把微胶囊外壳原料加入溶剂中

(c) 原料发生聚合反应，形成微胶囊

图 6-11 原位聚合法

用这种方法得到的微胶囊的形状一般是球形。具体的制造工艺参数不同，得到的微胶囊的大小也不相同，有的直径是几十微米，有的只有几微米。

2. 界面聚合法

界面聚合法的步骤为：

① 把调温材料加入有机溶剂里，并且不断搅拌，得到均匀的油状混合物，叫作油相。

② 在水里加入一定量的乳化剂，搅拌均匀，得到乳液。

③ 把微胶囊外壳原料分别加入油相和乳液里，并搅拌均匀。

④ 把油相缓慢加入乳液里，不断搅拌，使混合液均匀、稳定。得到的混合液实际上是由很多个微小的油相和乳液的液滴组成的。

⑤ 对混合液加热并不断搅拌，在一定温度下保持一定的时间。在这个过程里，微胶囊外壳原料会分别从油相和乳液的液滴里向界面移动，然后发生聚合反应，反应产物把调温材料微粒包裹起来，就形成了微胶囊。

3. 相分离凝聚法

相分离凝聚法的步骤是：

① 把微胶囊外壳原料加入有机溶剂中，制备成溶液。

② 把调温材料加入溶液里，搅拌均匀。

③ 降低溶液的温度，或在溶液里加入凝聚剂。

④ 如果降低溶液的温度，微胶囊外壳原料的溶解度会降低，所以

一部分原料会从溶液里析出来；如果在溶液里加入凝聚剂，微胶囊外壳原料会发生凝聚，也会从溶液里析出来。

⑤ 析出来的微胶囊外壳原料发生聚合反应，包裹在调温材料微粒的表面，形成微胶囊。

4. 喷雾干燥法

喷雾干燥法的步骤是：

① 把微胶囊外壳原料加入溶剂里，搅拌均匀，制备成溶液。

② 把调温材料放入溶液里，搅拌均匀。

③ 利用高温气流等方法，使混合液发生雾化，成为很多小液滴。

④ 每个液滴里的溶剂会迅速发生蒸发，同时，微胶囊外壳原料会发生聚合反应，包裹在调温材料微粒的表面，形成微胶囊。

五、应用

微胶囊调温材料的应用领域比较广泛，在服装、建材等多种产品中均有应用。

1. 自调温纤维

美国和欧洲的一些公司主要采用微胶囊法生产自调温纤维，包括前面提到的 Outlast 公司。德国的 Kelheim 公司和 Outlast 公司合作开发出一种微胶囊纤维，据报道，它的隔热效果达到 42.5%，已经获得了专利。

2. 家居用品

美国的研究人员开发了一种自调温壁纸，它可以使室内的温度始终保持在 21℃。如果室温超过 21℃，这种壁纸就会吸收热量，使温度降低；如果室温低于 21℃，它又会释放热量，使温度回到 21℃。

所以这种壁纸完全相当于一个空调了。

这种壁纸由三层结构组成：最里面是一层隔热层，中间是调温层，里面添加了调温材料，最外面是表层，表层上有很多特别小的微孔，作用是让调温层迅速吸收室内的热量或向室内放出热量。如图 6-12 所示。

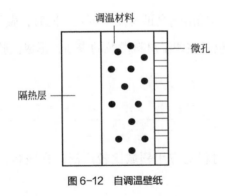

图 6-12 自调温壁纸

还有一种自调温窗帘，也能起到类似的作用，也包括三层：最里层和最外层是普通的面料，中间层由泡沫组成，泡沫里填充了调温材料。

3. 建筑材料

（1）自调温石膏板 石膏板是常用的建筑材料，有的公司利用微胶囊技术制造了一种自调温石膏板,图 6-13 示出了它的原理。

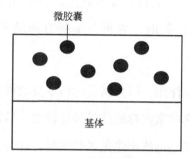

图 6-13 自调温石膏板示意

(2)自调温砂浆 砂浆是涂抹内墙使用的材料。德国著名的巴斯夫(BASF)公司研究了一种智能自调温砂浆:这种砂浆里面加入了10%~20% 的微胶囊,微胶囊里使用石蜡作为调温材料。据估算,用这种砂浆涂抹的内墙里,平均每平方米里有 750~1500g 石蜡,所以调温效果很明显,使得房间内始终保持很舒适的温度,这样就不需要使用空调和暖气了,所以具有很好的节能作用。

(3)自调温地板 德国的 Rubitherm GmbH 公司研制了一种自调温地板,它一共由四层构成,从上到下分别是木地板、自调温层、加热电线、隔热保温层。如图 6-14 所示。

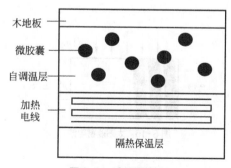

图 6-14 自调温地板

这种地板的核心部分是自调温层，里面添加了相变型调温材料。当室内的温度较高时，它可以吸收热量，发生相变，把热量储存起来。当室内温度比较低时，它再发生逆方向的相变，把热量释放出来。

加热电线起辅助作用，因为调温材料本身的调温范围有限，当天气特别冷的时候，它向室内释放的热量比较少，房间内还比较冷，这时候，就可以利用加热电线产生更多的热量，让房间的温度达到需要的温度。

还有人研究了另一种自调温地板，它在白天可以吸收太阳光的热量，发生相变，把热量储存起来。晚上，房间内的温度下降，调温材料向相反的方向发生相变，释放出热量，使室内的温度升高。通过反复发生相变，使室内的温度始终保持在一个舒适的范围里，不产生太大的波动。

4. 储能装置

（1）蓄电池　可以用调温材料制造太阳能蓄电池：白天时吸收阳光，温度升高，把热能转换为电能，用于电动车、室内外照明等领域。如图 6-15 所示。

图 6-15　太阳能蓄电池

很多国家规定，在不同的时间段，电价是不一样的——白天的用电量比较大，所以电价比较高，而夜间尤其是午夜至黎明阶段，因为用电量比较小，所以电价就便宜。所以，可以用调温材料制造另一种蓄电池：它主要在夜间充电，接收电能后，温度升高，通过相变、热容等方式把能量储存起来，在需要的时候再把能量转换为电能。这样，用电成本就降低了。如图 6-16 所示。

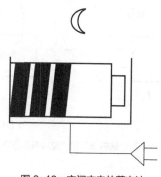

图 6-16 夜间充电的蓄电池

（2）储热器和储冷器 可以利用调温材料制造一种"储热器"和"储冷器"。

很多人有过这样的经历：在冬天时，有时候暖气供应太足，房间里温度过高，特别热，所以只好打开窗户散热、降温，无疑，这就造成了浪费。而有的时候，暖气供应不足，又感觉很冷。

或者在夏天时，有时候为了图凉快，空调的温度调得过低，反而盖着被子睡觉，这自然也是很大的浪费。

如果用调温材料制造出"储热器"和"储冷器"，就可以避免上述情况了：当暖气太足时，房间里的温度过高，"储热器"里的调温材料可以吸收热量，使温度下降；当暖气供应不足时，调温材料又会放出热量，使温度升高。

"储冷器"的工作过程相似：房间里的温度太低时，调温材料发生相变，放出热量，使温度升高；房间温度太高时，它向相反方向发生相变，吸收热量，使温度降低。

"储热器"和"储冷器"的原理如图 6-17 所示。

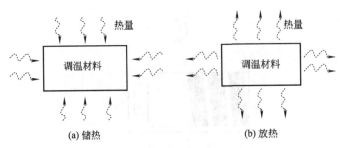

图 6-17 "储热器"和"储冷器"示意

5. 自调温沥青

现在的公路上都铺着一层沥青。在夏天时，沥青容易吸收周围的热量，导致温度升高——经常能达到 70～80℃。在这么高的温度下，沥青会变软，所以车辆会在上面轧出凹坑，有时候，这些凹坑会影响车辆的正常行驶，甚至会造成安全事故。

另外，沥青吸收的热量会释放出来，使周围环境的温度升高，从而造成城市里的"热岛效应"，即它释放的热量会使城市变得更热。

而在冬天时，沥青路面容易积雪、结冰，严重影响行车的安全。

为了解决上述问题，研究者研制了自调温沥青。这种沥青主要包括两层：上层是沥青，下层是调温材料。在夏天时，沥青吸收的热量会被调温材料吸收,调温材料通过热容或相变等方式把热量储存起来。这样,沥青路面的温度就不高了,也不会引起"热岛效应"了。在冬天时,调温材料发生逆方向的变化,把热量释放出来,传导给沥青,沥青路面的温度升高,表面就不容易结冰了,如果有积雪,还可以使积雪融化。如图 6-18 所示。

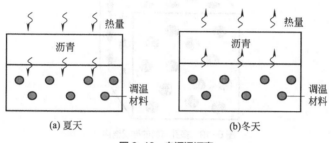

图 6-18 自调温沥青

自调温沥青的制造方法比较多,常见的方法是在沥青里直接混合调温材料。比如,有人在沥青里加入聚乙二醇,有人加入脂肪酸,包括肉豆蔻酸、棕榈酸等,然后搅拌均匀。这些调温材料都是利用相变实现调节温度的,所以,人们也把这种沥青叫作相变沥青。

用这种方法制造的自调温沥青的力学性能会下降,包括强度、硬度、黏度等,所以,它的使用寿命也会降低。

为了解决上面的问题,人们研制了多孔沥青,制造方法是:先把调温材料溶解到溶剂里,做成溶液;然后找一些多孔材料,比如硅藻土、蒙脱石、粉煤灰等,把它们粉碎成微粉,浸入到调温材料溶液里。这样,多孔材料里就吸附了很多调温材料。最后,再把这些多孔材料粉末添加到沥青里,搅拌均匀。

由于多孔材料本身的硬度、强度、耐磨性很高，而且它们的孔隙里也会吸附一些沥青，所以，它们和沥青的结合力很高，很好地克服了第一种材料的缺点。

多孔材料的微观结构如图 6-19 所示。

图 6-19　多孔材料的微观结构

多孔沥青里能装载的调温材料也是有限的。为了进一步提高道路的调温效果，有人提出，建造一种调温效果更好的钢管型自调温沥青，方法是：把调温材料装在钢管里，然后把钢管埋在道路下面，如图 6-20 所示。

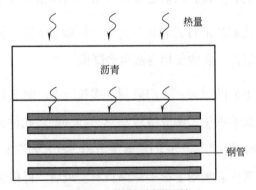

图 6-20　钢管型自调温沥青

关于这种道路的性能，相关的试验、测试工作仍在进行中。

— | 第四节 | —
其他调温材料

一、中空纤维调温材料

这种材料用中空纤维替代了微胶囊，具体的制造方法是：

① 制造一些中空纤维，也就是很细的纤维管。

② 把调温材料溶解到溶剂里，搅拌均匀。

③ 把纤维管浸入到调温材料溶液里，纤维管里就会吸附调温材料。

④ 把纤维管的两端密封起来，并加入基体材料里，搅拌均匀。

图 6-20 所示的钢管型自调温沥青就属于这种材料。图 6-21 是另一种中空纤维调温材料的图片，图（a）是纤维的排列图，图（b）是填充了调温材料的单根纤维的截面图。

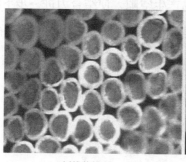

(a) 纤维的排列　　　　(b) 填充调温材料的单根纤维

图 6-21　中空纤维调温材料

中空纤维调温材料的优点是调温效果好，温度调节的范围大，调节速度快。原因是纤维管的管径和长度都可以比较大，所以能够装载更多的调温材料。但缺点是需要专门进行密封。

德国的公司开发了用这种材料制造的纺织品，可以生产服装、帐篷等产品。

二、共混式调温材料

制造这种材料的方法也叫熔融复合纺丝法，步骤是：

① 先把调温材料和添加剂（如增塑剂）按一定比例混合起来。

② 把混合物添加到基体材料里，混合均匀。

③ 将混合物熔融，进行纺丝，制造调温纤维。

④ 把调温纤维制造成纺织品。

这种方法的优点是工序比较简单，能够进行大规模生产，制造成本低。但它的缺点是：由于多数调温材料和基体材料的性质相差比较大，所以它们的结合力不太好。在调温过程中，调温材料和基体材料的体积变化不同步，两者间容易产生空隙，使结合力进一步下降。而且调温材料会使基体的性能如强度和柔韧性下降，影响使用寿命。

另外，这种材料对调温材料的种类有限制：不能使用会产生液体的调温材料，也不能使用有毒有害或有腐蚀性的调温材料。

三、涂层型调温材料

这种材料的制造方法是：

① 把调温材料和黏结剂混合起来，制造成涂料。

或者先制造微胶囊，然后把微胶囊和黏结剂混合起来，制造涂料。

② 把涂料涂覆在纤维或纺织品的表面，制造成具有调温作用的产品。

和其他类型的调温材料相比，这种类型的制造比较简便，容易施行，而且能够节省调温材料的用量，所以是一种有前景的方法。日本的大和化学工业公司就研制了微胶囊浆料涂层技术。

当然，它的缺点也很明显：由于调温材料的数量较少，所以调温效果有限。

四、多孔调温材料

这种调温材料就是利用一些多孔材料，把调温材料吸附到孔隙里，前面提到的多孔沥青就属于这种类型。

具体方法是：

① 寻找一些多孔材料，比如硅藻土、蒙脱土、泡沫石墨等，这些材料内部有大量的微孔，比表面积很大，吸附能力强；可把它们粉碎成颗粒很小的微粒。

② 把调温材料加入溶剂里，制备成溶液。

③ 把多孔材料微粒加入溶液里。微粒里的孔隙会利用毛细管作用，吸附大量的调温材料，而且结合力很好。

④ 把吸附了调温材料的多孔微粒加入基体材料中，加工成各种产品，如服装、建筑材料等。

这种方法巧妙地利用了多孔材料作为调温材料的容器，优点是存储量大，结合强度高，调温效果显著，效率高。

— | 第五节 | —
新型调温材料

近期，科学家又研究出一些新型的调温材料，有的构思特别巧妙。下面介绍其中的几种。

一、会"呼吸"的衣服

这种衣服由特殊的纤维制造，这种纤维的长度对温度很敏感，而直径基本不变化，所以，当温度升高时，它的长度会伸长，当温度降低时，它又发生较大的收缩，长度会缩短。

所以，用这种纤维制造的衣服的空隙可以变化：在春天时，空隙的尺寸是正常的；在夏天时，由于温度升高，纤维的长度增加，空隙就会变大，便于通风降温；在冬天时，温度下降，纤维收缩，空隙就变小甚至闭合，从而有利于保温保暖。如图 6-22 所示。

二、形状记忆调温材料

瑞士 Schoeller 公司模仿树叶的结构，用形状记忆材料研制了一

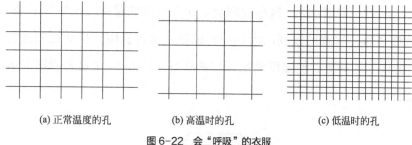

(a) 正常温度的孔　　　(b) 高温时的孔　　　(c) 低温时的孔

图 6-22　会"呼吸"的衣服

种仿生调温材料：这种材料好像一棵树，当周围的温度比较低时，树上的"树叶"会互相合并在一起，基本没有气孔，所以可以起到很好的保温作用；当温度升高时，"树叶"会张开，材料上出现了很多气孔，能够起到散热的效果，温度就会降下来。如图 6-23 所示。

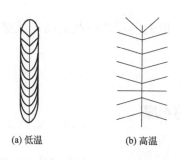

(a) 低温　　　　　(b) 高温

图 6-23　模仿树叶的形状记忆调温材料

三、带"窗户"的衣服

美国硅谷的一个公司设计了一种衣服，它的结构模仿了树叶表面的气孔，在前后都设计了一些能开合的"窗口"。在刚开始穿的一段时间里，穿着者可以根据自己的感觉，手动开合这些"窗口"，就好像开关窗户一样。

经过一段时间后,这种衣服会把用户喜好的温度"记忆"下来,从那之后,它就可以利用内部的传感器和执行机构,自动控制这些"窗口"的开合,使温度满足用户的喜好。图 6-24 是这种衣服的示意图。

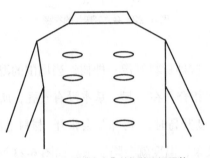

图 6-24 带"窗户"的智能调温服装

据该公司介绍,他们已经让一些运动员试穿过这种衣服,反响很好。

四、用细菌制造的衣服

美国麻省理工学院(MIT)的科学家利用细菌制造了一种智能调温服装,这种服装的结构模仿了人的皮肤上的汗毛孔:他们使用的细菌叫纳豆芽孢杆菌,这种细菌对温度和湿度很敏感——当周围的温度和湿度发生变化时,它们的身体会产生比较大的收缩或膨胀。

科学家把这种细菌添加到布料中,做成一块块的"补丁",然后缝到衣服上面,作为衣服的一部分。

人的身体出汗后,温度和湿度升高,这些细菌的长度、形状和排列方式会发生变化,会使"补丁"张开,好像房间的窗户打开一样,从而使热量和水分散发出去；当温度和湿度恢复后，那些"窗户"又关闭起来。

　　研究者用这种方法设计了一种运动鞋，在鞋底上设计了一些这样的"窗口"，穿着这种鞋走路或运动时，通风降温效果特别好。可以想象，它的除臭效果肯定也是一流的。

一 | 第六节 | 一
发展趋势

　　智能调温材料的研制和生产取得了很多进展，但是目前仍存在一些问题需要解决。另外，它除了目前的一些应用外，还有很多潜在的应用领域。

一、面临的问题

1. 对临界温度的精确控制

　　不同的应用领域对调温材料的临界温度有不同的要求，比如，服装和建材要求临界温度在 20~30℃，最好在 20~26℃，目的是满足人的需要。但处于这个范围的调温材料比较少，所以一方面需要寻找这种材料，另一方面，还需要研制新材料。

2. 进一步提高储能密度

　　目前，很多终端调温产品的力学性能普遍不高，包括服装、建材等。

这是因为它们内部添加的调温材料的量比较多，根本原因是目前的调温材料的储能密度比较低。

所以，如果能提高调温材料的储能密度，就可以减少添加量了，这样，对基体的性能影响就小了，而且产品的制造工艺会更简单，成本也会更低。

3. 灵敏度和调温速度

这是调温材料另一个重要的发展趋势：目前很多调温材料的灵敏度比较低，对温度的变化不敏感，所以就不能起到调温作用。高性能的调温材料应该具有比较高的灵敏度，对温度很敏感，并能尽快做出反应，也就是要在尽可能短的时间内对温度进行调节，在尽可能短的时间内把温度调节到目标值。

这些性能和很多因素有关，包括材料的相变过程，如相变速度、相变的完全性等。在这方面，将来需要做大量的工作。

4. 导热性

目前的多数调温材料的导热性都比较低，这也在一定程度上影响了调温材料的灵敏度和反应速度。所以，将来需要改善它们的导热性，使它们能快速吸收和释放热量。

5. 热膨胀性

现在的多数调温材料的热膨胀性和基体材料相差较大，这就使得在调温过程中，它们的体积变化不一致，因而容易出现内应力和裂纹，影响互相间的结合，缩短产品的使用寿命。

6. 工艺和成本

现在最典型的调温产品是微胶囊型，而微胶囊的制造以及后续的加工过程都比较复杂，导致生产成本很高。所以，将来需要开发更简单的工艺，降低生产成本。

二、潜在的应用

1. 把阳光装在"瓶子"里

阳光是一种取之不尽、用之不竭的能源，而且对环境没有危害，是一种天然的绿色能源。多年来，很多研究者都在尝试研制太阳能的储存技术，争取把阳光装在一个"瓶子"里，需要的时候再"倒出来"。

现在，人们能够把空气装在瓶子里（通过压缩或液化的方法），设想将来的某一天，有可能利用调温材料的原理，把阳光、大风等装在"瓶子"里。如图 6-25 所示。

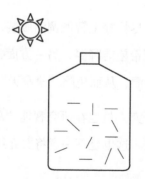

图 6-25 把阳光装在"瓶子"里

2. 飞机机身除冰

冬天，飞机机身经常结冰，维护人员需要花费很大的气力除冰。

如果在机身表面涂覆一层调温材料涂层，则有助于解决这个问题。

3. 在农业中的应用

可以制造智能调温塑料，甚至把土壤改良成智能调温土壤，这种土壤即使在冬天，也能保持温暖湿润，让庄稼能茁壮生长。

4."红外隐身衣"

在军事领域，夜间，军人经常使用红外夜视仪观察目标。这是因为，目标温度一般都不相同，温度越高，产生的热辐射越多，越容易被红外夜视仪检测，因而容易被发现。

有人提出，如果用智能调温材料制造一种特殊的服装，它能吸收人体散发的热量，降低人体的热辐射，不容易被发现，从而起到隐身的效果。

5. 真正的"空调"服装

可能很多人期待着尽快穿上智能调温服装，但是在很多时候，尤其是夏天，人们一方面希望能降温，另一方面，也希望服装能具有空调的另一项功能——除湿，从而免除"桑拿天"之苦。

可喜的是，现在研究人员也在研究智能调湿材料，它能让人们穿上真正的"空调"服装。这也是下一章将要介绍的内容。

第七章

智能调湿材料

夏天人们感到难受，高温只是其中一个原因，另一个让人更难以忍受的原因是湿度，也就是人们常说的"桑拿天"不好受。

大家也都知道，夏天，空气里的湿度太大，也容易中暑。

在冬天，情况也类似：许多地方又冷又湿，衣服也湿乎乎的，很不舒服。

当然，空气也不是越干燥越好，如果太干燥，皮肤会变得比较粗糙，容易开裂、起皮。

所以，总体来说，要求湿度应该处于一个合适的范围内。

为了达到这个目的，人们开发了一些产品，比如空调、空气加湿器。而材料学家则研制了一种新材料——智能调湿材料，它可以自动调节空气的湿度，使它始终处于一个合适的范围里。如果用它和智能调温材料一起制作衣服，双管齐下，有可能制作出真正的"空调衣"。

— |第一节| —
概　述

一、概念

"调湿材料"就是能自动调节湿度的材料。当周围的湿度太高时，它能吸收水分，使湿度降低，变得干燥一些；当周围的湿度太低时，它又能释放水分，使湿度增加，变得湿润一些。所以，调湿材料能使周围的湿度波动较小，始终处于一个合适的范围里。如图7-1 所示。

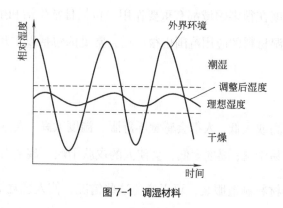

图 7-1 调湿材料

可以想象，如果房间的建筑材料使用了这种材料，在潮湿、闷热的夏天，它能吸收空气中的水分，房间就会变得清爽；冬天，在有暖气的房间里，人们经常感觉很干燥，需要使用加湿器，而如果有了这种材料，人们就可以告别加湿器了：它会自动向房间里释放水分，让人感觉舒适一些，皮肤不至于太干燥。

二、种类

调湿材料的种类也比较多，可以按照不同的方法分为不同的类型：

（1）按照化学成分 分为有机调湿材料、无机调湿材料、复合调湿材料等。

（2）按照出现的时间 分为传统调湿材料、新型调湿材料等。

（3）按作用机理 分为吸附型调湿材料、结晶水型调湿材料、化学键结合型调湿材料、仿生型调湿材料、复合型调湿材料等。

三、应用

　　空气湿度在很多领域都有重要作用，包括日常生活和生产等。所以，智能调湿材料的应用范围也很广泛，常见的包括以下几种。

1. 服装

　　湿度太高或太低，人都会感觉不舒服。湿度太高，人体容易出汗，在夏天还容易中暑；湿度太低，会使人的皮肤干燥，甚至引起开裂。

　　用调湿材料制造服装，可以避免这些情况，使人感觉更舒适，可以免受"桑拿天"之苦。人如果穿着这样的衣服，就不会汗流浃背了。

2. 家居

　　湿度是衡量室内环境的一个重要参数，使用调湿材料制造家居用品，可以提高人们的居住质量和舒适度。具体品种很多，如墙体材料、内墙涂料、隔板、天花板、地板、地毯等。

3. 仓储

　　空气湿度对很多产品的质量会产生重要的影响：湿度太大，金属容易生锈、发生腐蚀；木材、纸张、皮革、粮食、食品会发霉、变质、腐烂。湿度太低，空气太干燥，木材、家具就容易开裂，蔬菜、水果容易失水、新鲜度降低。

　　所以，调湿材料也适合应用于这些产品的仓储。

4. 文物、艺术品的保藏

文物、艺术品对空气的湿度要求更严格，必须保持一个合适的范围。举个例子，大家如果去商场，经常会发现一个现象：卖珠宝玉石的柜台里经常放一些水杯。这是为什么呢？其实就是为了保持一定的湿度，防止玉石的光泽衰退甚至发生开裂。

5. 化妆品

为了使肌肤保持足够的水分，很多化妆品里也含有一定的保湿成分。

— | **第二节** | —

多孔型调湿材料

多孔材料是传统的调湿材料，应用很广泛，种类比较多。

一、硅胶

硅胶是一种典型的多孔型调湿材料，经常作为吸湿材料使用。它的化学成分是 $m\mathrm{SiO_2} \cdot n\mathrm{H_2O}$，内部有很多微孔，小的直径只有几纳米，它的分子结构如图 7-2 所示。

由于有很多微孔，所以硅胶的比表面积很大，可以达到 650～800$\mathrm{m^2/g}$。由于有这种特殊的结构，所以硅胶的吸附能力很强，能吸附自身重量将近一半的水分，而且吸附速度很快。

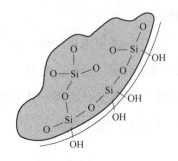

图 7-2　硅胶的分子结构

　　硅胶的调湿原理是：周围湿度高时，它吸收周围的水分子，当周围比较干燥时，硅胶又释放出水分子。

　　平时，人们主要利用的是硅胶的吸湿功能，所以，它经常被称为干燥剂。而且，由于它无毒无害，没有腐蚀性，所以应用很广泛。我们经常可以在一些衣服、食品、药品的包装盒里看到一些小纸袋或小布袋，其实里面装的就是硅胶颗粒，目的就是作为干燥剂起到吸湿作用，保持干燥，使产品不发生变质。甚至，在一些机器、设备、仪器的运输过程中，为了进行干燥、防潮，也经常在包装箱里放置一些硅胶干燥剂。

二、硅藻土

　　第五章中介绍过，硅藻土具有特殊的微观结构——内部含有很多微孔洞，研究者进行了分析，发现在硅藻土里，这些孔洞的体积比达 $0.45\sim0.98cm^3/g$，这使得硅藻土的比表面积达 $40\sim65m^2/g$。所以，硅藻土的吸湿性能特别好，有人进行过测试，它能吸附自身体积 $2\sim4$ 倍的水分。所以，硅藻土也是一种很好的调湿材料。

　　由于硅藻土是由硅藻的遗体形成的，主要成分是 SiO_2，还含有少量水分、Al_2O_3、Fe_2O_3、CaO、MgO、有机质等，属于天然物质，对人体和环境无毒无害，所以具有很好的应用前景。

为了进一步提高硅藻土的吸附性能，人们经常对开采的硅藻土原矿进行处理、提纯，采用的方法比较多。

① 物理方法　包括粉碎、沉降分离提纯、烘干等。

② 化学方法　包括粉碎、粗选、剥片、酸浸、烘干等。为了提高酸浸的效率，最近有人采用了微波强化酸浸的方法。

③ 高温煅烧法　包括原土的粉碎、分选、煅烧、气流分级、去杂等。

经过处理后，硅藻土里面的杂质被去除，SiO_2 的含量会进一步提高，而且比表面积、孔隙率也都会增大，这样，硅藻土的活性会变强，吸附性能更好了。

硅藻土除了具有调湿功能外，还具有其他一些有益作用：

① 净化空气。硅藻土能吸附空气中的异味，如烟味、宠物味道等。

② 能吸附装修过程中产生的污染物，如苯、甲醛、氨气等有害物质。日本有的公司还在硅藻土里添加了二氧化钛光触媒，能够把吸附的装修污染物进行分解。

③ 能吸附细菌。

④ 具有良好的隔声、隔热效果。

⑤ 重量轻、价格低廉。

目前，在国内外的家居市场上，含有硅藻土的产品已经成为一种高附加值产品，如智能调湿陶瓷产品、调湿水泥制品等，种类很多，包括瓷砖、卫生洁具、板材、砌块等。

三、沸石

沸石是一种矿石，人们最早发现它时，发现用火烧，它会像水一样沸腾，所以才给它起了这个名字。

沸石的化学成分是铝硅酸钠，里面还含有结晶水。用火烧时，沸石里的结晶水会分解出来，并发生气化，形成很多气泡，就和沸腾一样。

沸石的内部也有很多微孔洞，有人做过一个形象的比喻：沸石就像一座楼房，在1μm³的体积里，含有100万个小房间。

图7-3是沸石的微观结构示意图。从图里可以看出，沸石具有一种奇特的网格状结构，里面有很多微孔洞，它们的形状和大小互不相同。

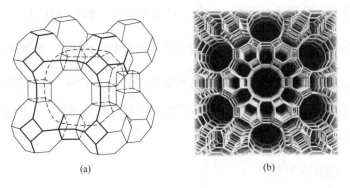

(a)　　　　　(b)

图7-3　沸石的微观结构

由于这种特殊的结构，沸石具有很好的吸附性，能吸附大量水分、气体、重金属等物质，所以在生活和生产中，沸石的应用很广泛：

① 可以用作干燥剂、气体净化剂和污水处理剂等。

② 在化学工业里，人们将沸石作为催化剂使用。

③ 在农业生产中，沸石是一种优良的饲料添加剂。人们发现，它能够促进鸡、猪、鱼、蟹等动物的生长。我国河北省围场县的沸石储量很高，达 20 亿吨以上。

四、其他矿物

其他一些天然矿物也可以用作调湿材料：

① 蒙脱土、海泡石、蛭石等矿物也具有多孔结构，可以作为调湿材料使用。

② 一些固体废弃物，如粉煤灰、煤矸石经过酸浸、煅烧等处理后，内部也会产生大量微孔，从而具有很好的吸附性和调湿性，是很好的调湿材料。

由于上述几种天然材料的特点，所以，可以从它们的结构、成分和性能获得启示，利用仿生技术，人工制造类似的调湿材料。平时说的仿生，一般是模仿生物如动物和植物的结构和功能，其实这只是狭义的仿生。广义的仿生，应该是模仿自然界的一切有益的对象，既包括生命体，也包括无生命体，来为人类服务。

— ｜第三节｜ —
生物质调湿材料

一、海绵

大家都知道，海绵最大的作用就是吸水。它为什么有这种作用呢？

这和它的化学成分和微观结构有关。

1. 化学成分

　　海绵的化学成分包括有机物和无机物，有机物主要是胶原蛋白，无机物包括碳酸钙、二氧化硅等。在胶原蛋白分子上，含有很多亲水性的化学基团——羟基（—OH），所以，这使得海绵容易吸附水分。

　　图 7-4 所示为胶原蛋白的分子结构。

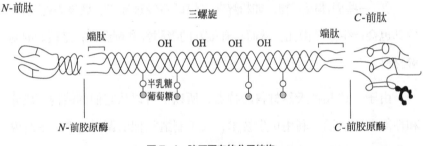

图 7-4　胶原蛋白的分子结构

2. 微观结构

　　大家都知道，海绵内部有很多微孔，是一种典型的多孔材料。所以，海绵已经成为多孔物体的代名词，人们经常用海绵来形容多孔结构，如海绵铁、海绵钛，以及海绵城市等。

　　首先，从外表面可以很容易地看到海绵的孔洞，如图 7-5 所示。

　　如果用显微镜放大观察，还可以有更奇妙的发现。可以看到，这些孔洞的表面并不是光滑的，而是具有枝芽一样的结构，这些枝芽的头部有很多绒毛。如图 7-6 所示。

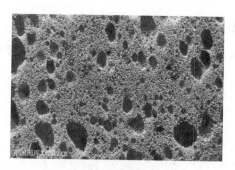

图 7-5 海绵的孔洞

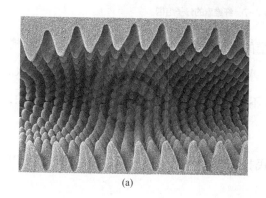

(a)

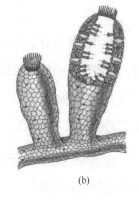

(b)

图 7-6 海绵的微观结构

所以，这种独特的微观结构与化学成分互相结合，使得海绵具有优良的吸附性和调湿能力。

二、棉花

棉花和海绵很像，也容易吸水，它可以吸收自身重量 20 多倍的水分。当然，这也和它的化学成分以及微观结构有关。

1. 化学成分

棉花是由无数根棉纤维组成的，棉纤维的主要成分是纤维素，纤维素的分子上也有很多羟基（—OH），如图 7-7 所示。羟基是亲水性基团，容易和水分子结合，形成氢键。所以，棉花容易吸附水分子，有很好的吸湿性。

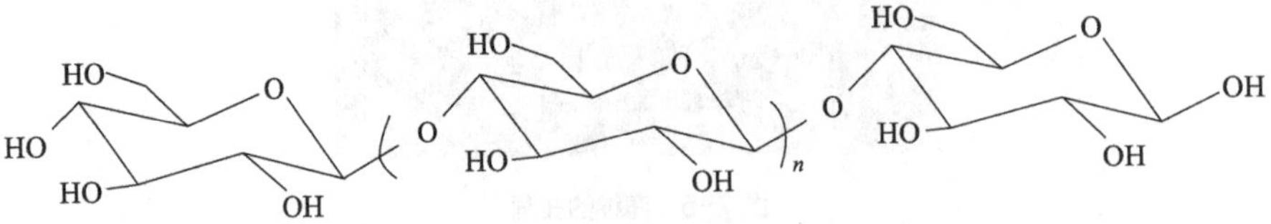

HO
O
HO
OH
HO
HO
O
O
HO
OH
O
HO
O
HO
OH
OH

图 7-7　纤维素的分子结构

除了纤维素外，棉纤维的表面还含有一些蜡状物质，人们称为棉蜡，棉蜡的表面能比较低，水滴不容易浸润它，也就是它不会吸附水。所以，新鲜的棉花的吸水性不是特别强，经过处理后，这层棉蜡被去除，棉花的吸湿性才会变好。

这层棉蜡也不利于农民打农药：农药液滴不容易浸润棉蜡，所以不容易被棉花吸收。

棉蜡的作用是能够保护棉纤维，使它们不受外界的伤害。

2. 微观结构

用肉眼可以看到，棉花的结构很疏松，属于多孔结构。眼神好的人甚至可以看到一根根特别细的棉纤维，如图 7-8 所示。

图 7-8　棉花

如果用显微镜放大观察，可以看到一些奇异的现象：

首先，棉纤维并不是很多人想象的圆柱，实际上，它们是扁的，像塑料带一样，如图 7-9 所示。

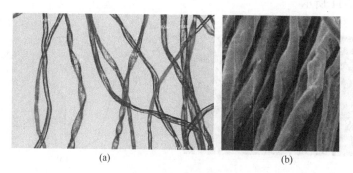

(a)   (b)

图 7-9 棉纤维的形状

其次，整根棉纤维并不是平的，而是呈螺旋状卷曲的。这种卷曲的特征是棉纤维特有的，很多其他纤维没有这种特征，比如合成纤维一般都是平的。所以，可以根据这个特点鉴别是真正的棉花还是合成纤维。

不同棉花的棉纤维的卷曲程度不一样，业内人士都知道，棉纤维的卷曲越多，棉花的质量越好。

用更高的放大倍数观察时，可以看到，棉纤维的表面是凹凸不平的，如图 7-10 所示，这也有利于水分子的吸附。

(a)   (b)

图 7-10 棉纤维的表面

如果把一根棉纤维切开，用显微镜看它的横截面，可以看到它的更特殊的结构：整个外形好像一颗豌豆，表面上有很多绒毛，粗糙不平，中间是比较厚的结构，显得比较致密，最里面有一个很小的空腔，如图 7-11 所示。

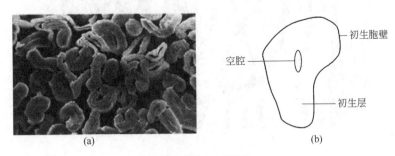

(a)   (b)

图 7-11　棉纤维的横截面

人们经过研究，发现棉纤维表面的化学成分主要是棉蜡和果胶，纤维素含量很少；中间很厚的部分叫次生层，主要是由棉纤维构成的；最里边的空腔是由于水分蒸发形成的，它的体积虽然不大，却能起到很好的保温、透气作用。

三、应用

了解了海绵和棉花的化学成分和微观结构，我们就能明白：它们的吸水性和调湿作用是由化学成分和微观结构两个因素产生的，缺少其中一个，性能就会降低甚至消失。这可以解释我们平时在生活中遇到的一些现象，比如：

（1）有的毛巾不吸水　这可能是因为它并不是棉毛巾，而是用合成纤维制造的。这种毛巾虽然里面也有很多微孔，但是它的化学成分里没有亲水基团，所以不容易和水分子结合。

（2）有的海绵也不吸水　道理相同：这种海绵是人造海绵，是用塑料制造的，化学成分里没有亲水基团。

当然，有的海绵或毛巾是用亲水性的合成纤维制造的，它们的吸水性会很好。

（3）有的新毛巾是纯棉的，但是也不太吸水　这是因为，在毛巾的制造过程中，一般都要经过一道工序，叫"上浆"，这层浆料的成分和蜡差不多，不容易吸水。

解决办法是把毛巾放在热水里烫一会儿，把那层浆料溶解，露出里面的棉纤维，毛巾的吸水性就会变好。或者用几次之后，那层浆料会碎裂，然后掉下来，毛巾的吸水性也会变好。

四、吸湿原理

1. 毛细作用

从前面的介绍中，我们看到，很多多孔材料都有较好的吸湿性。为什么这样呢？

这涉及一种现象，叫毛细现象，也叫毛细管现象或毛细管作用。

如果往水里插一根特别细的塑料管或玻璃管，可以看到，管里的水面比外面要高一些。而且管子的内径越细，里面的水面越高。这种现象就叫毛细现象。如图 7-12 所示。

为什么会出现这种现象呢？

这是因为，水分子之间互相存在吸引力，人们一般叫作内聚力，表面的水分子之间的吸引力也叫表面张力。另外，水分子和管子的分子之间也存在吸引力，人们叫作附着力。如果附着力大于表面张力，水就会浸润管子，管子里的水面是凹形的，如图 7-13 所示。

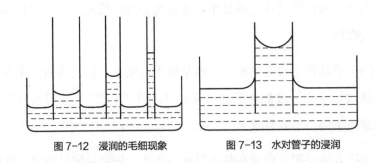

图 7-12　浸润的毛细现象　　　　图 7-13　水对管子的浸润

这是因为管子表面吸引水分子，给它们施加了向上的拉力，所以水会沿着管壁上升，从而形成凹面。

我们可以想象，离管子内壁最近的水分子，受到的拉力最大，所以它们就上升得高，离内壁越远，受到的拉力越小，上升得就低一些，所以，中心部分的水面最低。

当水分子受到的向上的拉力与重力、自身的内聚力相等时，水面就不再上升了，达到一个平衡状态。

那为什么管子粗细不一样，里面的水面高度不一样呢？

我们用管子中心的一滴水作例子说明：如果它在一根细管子的中心，它离管壁比较近，所以受到管壁的吸引力就大一些，所以最后就上升得高一些。如果它在一根粗管子的中心，它距离管壁比较远，受到的管壁的吸引力就小，而它的重力以及与其他水分子的内聚力和细管子中心的一滴水相同，所以它上升的高度就要低一些。

所以，多孔材料容易吸水，就是由毛细现象引起的，包括海绵、毛巾等。另外，浇灌植物时，植物也依靠毛细现象吸收水分：水分通过土壤中的毛细管到达植物的根部，再通过根部的毛细管到达茎部、枝叶等。如图 7-14 所示。

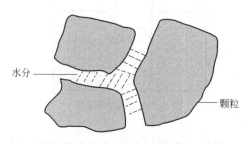

图 7-14 多孔材料的吸水

除了水面在管里上升外，毛细现象还有另一种类型：有的液体的液面会下降，而且管子的内径越细，里面的液面下降得越厉害。最典型的是汞（水银）：如果把盆里的水换成水银，就会发生这种情况，如图 7-15 所示。

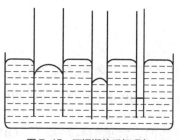

图 7-15 不浸润的毛细现象

为什么会出现这种情况呢？

它还是和内聚力、附着力有关：水银原子间的内聚力、表面张力比管壁对它的吸引力大。所以，和管壁接触的水银原子以及附近的原子受到内部的水银原子的吸引力，都倾向于离开管壁，也就是水银不浸润玻璃。所以管子里的水银液面是向上凸的。如图 7-16 所示。

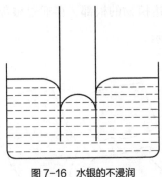

图 7-16　水银的不浸润

在管子里，水银原子受到的向下的重力和内聚力大于管壁的吸引力，所以液面就会下降。当三者达到平衡时，液面就保持稳定。

一般人可能都认为，制造调湿材料，选择多孔结构的材料就可以。从水银的例子来看，其实不是这样的，还需要水分能浸润多孔材料。如果不能浸润，那多孔材料并不能吸水。就像前面提到的一些新毛巾或用合成纤维制造的毛巾，它们虽然有很多孔洞，但是并不吸水。

2. 亲水基团

有的材料的分子里含有一些特殊的原子团，它们和水的亲和力比较好，容易吸引水分子，与水分子结合，所以叫作亲水基团。

亲水基团都是极性的，常见的有羟基（—OH）、氨基（—NH_2）、羧基（—COOH）、酰氨基（—$CONH_2$）等。如图 7-17 所示。

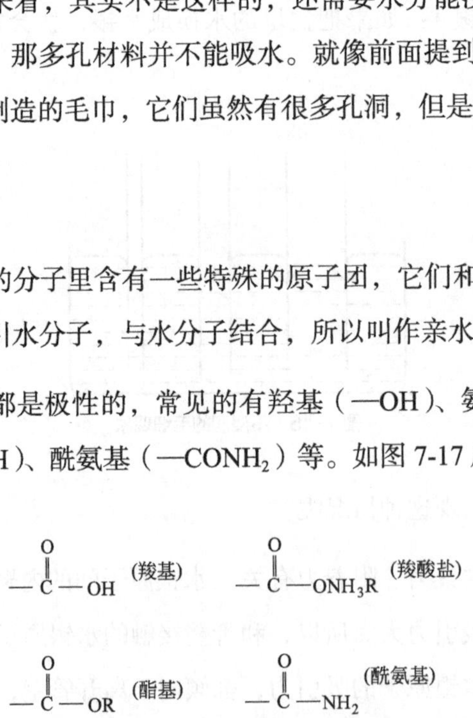

图 7-17　几种亲水基团的分子结构

所以，含有亲水基团的材料适合制造调湿材料。如果这种材料是固体，它的表面容易被水浸润或润湿。

— | 第四节 | —
表面活性剂调湿材料

在普通材料的表面涂覆一层表面活性剂，也可以制备调湿材料。

一、表面活性剂是什么

表面活性剂是一种能降低水的表面张力的物质。而且加入量很小，就可以显著降低水的表面张力，我们熟悉的洗衣粉、香皂、肥皂、沐浴液、洗涤剂中都有表面活性剂。

二、表面活性剂的种类

按照来源，表面活性剂分为天然和人工合成两类：蛋白质、磷脂、胆碱都是天然的表面活性剂；硬脂酸钠（$C_{17}H_{35}COONa$）、十二烷基硫酸钠、十二烷基苯磺酸钠、十八烷基硫酸钠（$C_{18}H_{37}SO_3Na$）等是人工合成的表面活性剂。

按照电子特征，表面活性剂分为离子型（包括阳离子型、阴离子型）、非离子型、两性表面活性剂、复配型、其他类型等。

三、表面活性剂的结构

表面活性剂的分子结构很有特色：它的一端是亲水基团，是极性的，包括—OH、—COOH、—SO₃H、—NH₂、硫酸、酰氨基、醚键等；另一端叫亲油基团，也叫憎水基团或疏水基团，是非极性的，常见的是烷基，如十二烷基（$C_{12}H_{25}$—）、十八烷基（$C_{18}H_{37}$—）等。

这两种基团通过化学键连接在一起，就构成了表面活性剂分子，这种独特的结构使表面活性剂具有独特的性质——既亲水、又亲油，也就是既容易和水分子结合，也容易和油分子结合。

图7-18是表面活性剂分子结构的示意图。把表面活性剂放入水中后，亲水基团和水结合在一起，同时受到其他水分子的吸引力，所以位于下端。亲油基团不容易和水分子结合，就向着外面（即空气），所以表面活性剂分子就在水面上规则排列，如图7-19所示。

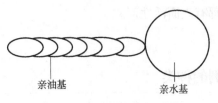

亲油基　　　　　　　　亲水基

图7-18　表面活性剂的分子结构

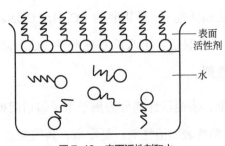

表面活性剂

水

图7-19　表面活性剂和水

这样，没有加表面活性剂时，水的表面上都是水分子，水分子的表面张力比较大；加入表面活性剂后，表面上变成了亲油基团，亲油基团的表面张力比水小，这样，就相当于降低了水的表面张力。

水的表面张力变小后，受到搅拌后，水滴就容易形成泡沫，因为水分子间的吸引力变小了。

洗衣服时，由于水的表面张力降低了，所以它就更容易渗入衣服的纤维孔洞里。衣服上的很多污物是油脂，水分子和表面活性剂分子也会渗入油脂和衣服之间的空隙里。表面活性剂分子遇到油脂分子后，亲油基团与油脂分子产生较强的结合力，有时候，多个表面活性剂分子的亲油基团会把油脂分子包围起来，形成一个"核＋绒毛"形状的结构，受到搅拌时，这个"核＋绒毛"形状的结构就把油脂分子从衣服上脱离并把它拖进水里，这样，衣服就被洗干净了。整个清洗过程的原理如图 7-20 所示。

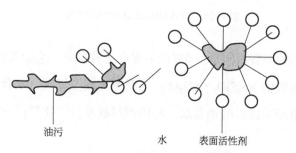

油污   水   表面活性剂

图 7-20 表面活性剂清洗油污的原理

四、表面活性剂调湿材料

在普通的材料里加入一些表面活性剂，它的亲水基团会吸附空气中的水分子，所以能够起到调湿作用。

— |第五节| —
无机盐调湿材料

主要是一些带结晶水的无机物，如水玻璃、$CaCl_2$、$MgCl_2$、Na_2CO_3 等，以及能和水起反应的无机物，如氧化钙等。

一、水玻璃

水玻璃的化学成分是硅酸钠 (Na_2SiO_3)，图 7-21 是它的分子结构。

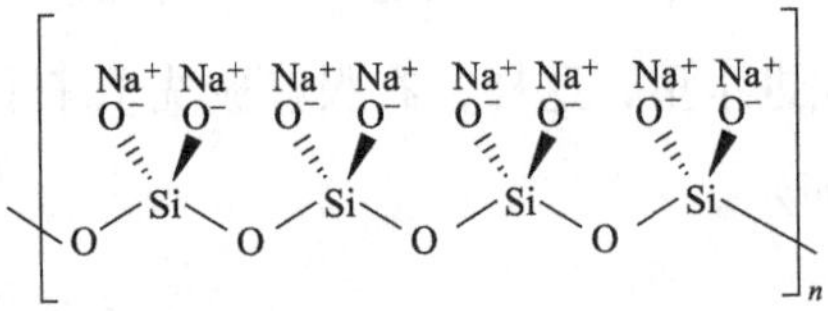

图 7-21 硅酸钠 (Na_2SiO_3) 的分子结构

硅酸钠的调湿机制是：当周围的湿度比较高时，它会吸收水分子，生成水合硅酸钠 $Na_2SiO_3 \cdot 9H_2O$；当周围比较干燥时，水合硅酸钠发生分解，重新生成硅酸钠和水，向周围释放水分。化学反应式可以表示如下。

除湿：$Na_2SiO_3 + 9H_2O \longrightarrow Na_2SiO_3 \cdot 9H_2O$

加湿：$Na_2SiO_3 \cdot 9H_2O \longrightarrow Na_2SiO_3 + 9H_2O$

图 7-22 是 $Na_2SiO_3 \cdot 9H_2O$ 的分子结构示意图。

硅酸钠的生产方法有两种。

图 7-22 九水硅酸钠 ($Na_2SiO_3 \cdot 9H_2O$) 的分子结构

第一种叫固相法，也叫干法生产。原料是石英砂和纯碱，把它们按一定的比例混合均匀，加热到高温，一般达到 1400 ℃左右，就能得到硅酸钠。反应式为：

$$SiO_2 + Na_2CO_3 \longrightarrow Na_2SiO_3 + CO_2 \uparrow$$

第二种叫液相法，也叫湿法生产。原料是石英粉和烧碱，把它们按一定比例混合均匀，在高压下反应，也可以生成硅酸钠。反应式为：

$$SiO_2 + 2NaOH \longrightarrow Na_2SiO_3 + H_2O$$

二、氯化钙

无水氯化钙（$CaCl_2$）的吸湿性特别强，能吸收水分成为二水氯化钙（$CaCl_2 \cdot 2H_2O$）和六水氯化钙（$CaCl_2 \cdot 6H_2O$），所以人们经常用它作干燥剂。反应式分别为：

$$CaCl_2 + 2H_2O == CaCl_2 \cdot 2H_2O$$

$$CaCl_2 \cdot 2H_2O + 4H_2O == CaCl_2 \cdot 6H_2O$$

图 7-23 是六水氯化钙的分子结构。

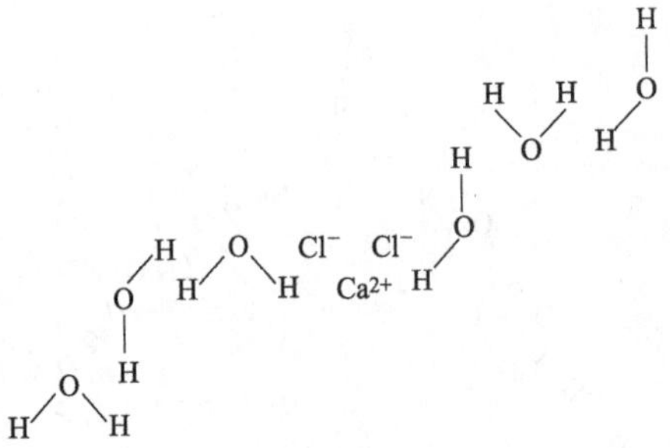

图 7-23　六水氯化钙的分子结构

氯化钙吸收水分的反应是放热反应，也就是它在吸收水分的过程中，会放出大量的热量。所以人们就利用这一点，用它来作融雪剂和融冰剂。

即使道路上没有冰雪，在冬天，如果在道路上铺撒氯化钙，也会吸收空气中的水蒸气，同时放出热量，所以可以防止路面结冰。

另外，氯化钙还能抑制道路上的灰尘。人们把它撒在道路上，它会使空气中的水蒸气凝结，所以能使道路保持湿润，从而防止扬尘。

制造氯化钙的方法很多，常用的一种是用石灰石作原料，粉碎后加入盐酸，再进行干燥、脱水。反应方程式为：

$$CaCO_3 + 2HCl == CaCl_2 + H_2O + CO_2 \uparrow$$

另一种是用熟石灰（氢氧化钙）作原料，加入盐酸：

$$Ca(OH)_2 +2HCl == CaCl_2+2H_2O$$

此外，其他一些无机盐如氯化镁、碳酸钠、硫酸钠等，也容易吸收水分，形成水合物：

$$AB+mH_2O \longrightarrow AB \cdot mH_2O$$

所以，它们也有比较好的吸湿性，可以制作调湿材料。

三、氧化钙

氧化钙（CaO）也叫生石灰，是用石灰石作原料，经过高温煅烧获得的，反应式是：

$$CaCO_3 \longrightarrow CaO+CO_2\uparrow$$

很多人都熟知的诗句："千锤万凿出深山，烈火焚烧若等闲。粉骨碎身全不怕，要留清白在人间。"实际上描述的就是氧化钙的生产过程。它的原料石灰石是从深山里的矿上开采出来的，首先进行粉碎，然后再进行高温煅烧，最后得到洁白的生石灰。

生石灰具有很强的吸湿性，不过它并不是形成水合物，而是和水发生化学反应，生成熟石灰，也就是氢氧化钙，反应式是：

$$CaO+H_2O == Ca(OH)_2$$

在反应过程中，也会产生大量的热量。

氢氧化钙如果被加热，会发生分解，重新生成氧化钙：

$$Ca(OH)_2 == CaO+H_2O$$

所以，氧化钙也经常被用作干燥剂。但是它本身以及生成的产物氢氧化钙的腐蚀性都比较强，所以在工业中用得比较多，在民用领域使用不多。

— |第六节| —
高吸水性树脂

　　近年来，人们研制了一类吸水性很好的高分子材料，叫高吸水性树脂。人们平时使用的很多纸巾、湿巾、纸尿裤等就是用这种材料制造的。

　　高吸水性树脂有两个突出的特点：一个是它们的分子结构上有很多亲水性化学基团，它们能吸收很多水分子，而且能牢固地锁住它们。二是它的内部有很多微细通道和孔洞，这样，水分子可以通过毛细作用渗透到树脂内部。而且吸收水分后，这种树脂的分子会发生溶胀，这会使得里面的微细通道和孔洞的数量与体积进一步增加，所以会吸收更多的水分。如图 7-24 所示。

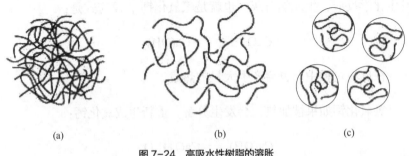

(a)　　　　　　　　(b)　　　　　　　　(c)

图 7-24　高吸水性树脂的溶胀

　　高吸水性树脂的种类很多，按照化学组成，包括淀粉系列、纤维素系列和合成树脂系列等，常见的有聚丙烯酸钠、聚乙烯醇、羧甲基化淀粉、羧甲基化纤维素等。

高吸水性树脂能吸收自己重量几百倍甚至上千倍的水分，而且吸收速度很快，一般在几十秒内就可以吸收几百倍的水；另外，它们的保水能力也很强，即使给它们施加比较大的压力，里面的水分也不会被挤出来。

由于这些独特的优点，高吸水性树脂在很多领域都获得了应用或具有潜在的应用价值。

① 卫生用品：比如尿布、卫生巾等。目前，这也是它的主要应用领域。

② 食品行业：可以用它制造包装材料，这样，可以使食品、蔬菜、水果等保持足够的水分和新鲜度。

③ 化妆品：如果在化妆品里添加一定数量的高吸收性树脂，它就能为皮肤持久地供应水分。

④ 医药领域：可以制造绷带、棉球、外用药物等用品。

⑤ 农业生产：可以改良土壤——利用高吸收性树脂制造土壤保水剂。这样，它能使土壤里始终保持足够的水分，尤其在发生干旱的季节，这种作用特别重要，能起到抗旱作用。

⑥ 可以用于治理沙漠。道理和土壤保水剂相似。

⑦ 在环保行业中，可以用于垃圾处理：很多垃圾如生活垃圾、城市污水、污泥等，含水量都很高，所以不容易处理。如果用高吸水树脂吸去垃圾里面的水分，就可以比较方便地进行粉碎、灼烧等后续处理了。

⑧ 建筑工程：可以用高吸水性树脂制造防渗漏材料，防止屋顶漏水。

— | 第七节 | —
分子筛

分子筛是一种多孔材料，人们给它起这么一个名字，表示它的孔洞很小——只有一个分子那么大。所以，它能把不同大小的分子筛出来。

由于具有多孔结构，所以，分子筛也可以作为一类很好的调湿材料。

目前人们发现和制造的分子筛材料有很多种，前面提到的沸石就属于一种分子筛，而且是目前最有代表性的一种。下面介绍其他一些分子筛。

一、层状沸石

除了前面介绍过的沸石品种，沸石还有其他的品种。其中有一种叫作丝光沸石，它具有层状结构，如图 7-25 所示。

二、Co-OMS-2 分子筛

中国科学院的研究者合成了一种新型分子筛，叫 Co-OMS-2 分子筛，它具有漂亮的梅花形状，如图 7-26 所示。

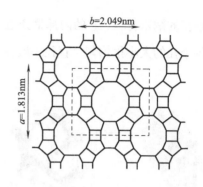

(a) 层状结构　　　　　　　　　　　(b) 分子结构

图 7-25　丝光沸石

三、ZSM-5 沸石分子筛

这种分子筛是美国美孚公司合成的一种新型沸石分子筛，结构如图 7-27 所示。

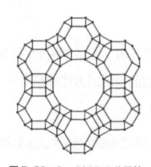

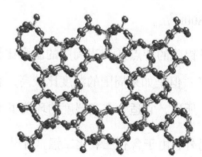

图 7-26　Co-OMS-2 分子筛　　　图 7-27　ZSM-5 沸石分子筛

四、MCM 系列分子筛

包括 MCM-41、MCM-48、MCM-50 等，其中，MCM-41 是一种

独特的纳米材料，它的内部整齐地分布着纳米尺度的微孔，呈六边形，各个孔的大小很均匀，直径一般在 2～10nm 左右。如图 7-28 所示。

(a) MCM-41　　　(b) MCM-48(孔道)　　　(c) MCM-48(孔壁)　　　(d) MCM-50

图 7-28　MCM 系列分子筛

五、硅铝胶

这是一种含有三氧化二铝的硅胶，分子式是 $mSiO_2 \cdot nAl_2O_3 \cdot xH_2O$，它的内部也有很多微孔，比表面积和硅胶相当：可以达到 $600～800m^2/g$。

硅铝胶的特点是：当周围的湿度比较低时，它的吸附能力和硅胶差不多；但是如果周围的湿度比较高，它的吸附能力比硅胶要好 10% 左右。所以，它适合在高湿度的环境里工作。

另外，由于含有三氧化二铝，所以，硅铝胶的耐热性也比硅胶高，硅胶的耐热性只有 200℃，而硅铝胶的耐热性比它高 150℃左右。

有人用硅铝胶制造文物保护用的干燥剂。文物对周围的湿度有苛刻的要求——湿度应该适中，不能太高，也不能太低。湿度太高，文物会发霉、腐蚀；湿度太低，文物会开裂。一般情况下，要求周围的湿度保持在 40%～60% 范围内。由于硅铝胶的吸附特点是它能迅速降低环境的湿度，当湿度到达一定程度后能够保持平衡，所以人们认为它比较适合这个领域。比如在雨季，湿度特别高，硅铝胶可以迅速把湿度降低到所要求的范围内，然后保持稳定，不让湿度过低，环境太干燥。

— | **第八节** | —
水凝胶

水凝胶是一种由高分子和水组成的物质。其中，高分子能溶解在水里面，而且具有亲水性的化学基团，把它和水混合时，这些高分子会通过一定的方式发生交联，形成网络状的结构，亲水性的化学基团会和水分子结合起来，把水分子留在网络里。由于包含水分子，所以整个网络状结构会发生溶胀。

图 7-29 是水凝胶的形状。

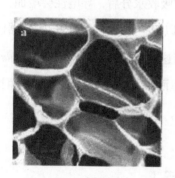 

(a) PAAM水凝胶　　　　　　　　(b) P(AAM-*co*-MAA) 水凝胶

图7-29　水凝胶形状

水凝胶具有几个独特的特点：

首先，它的硬度很低，比较柔软，有比较好的弹性，容易变形。

其次，水凝胶的吸水性很好，这是它一个突出的性能特点。所以，它被应用在很多领域里。比如，一些面膜、药物和食品保鲜剂里都含有水凝胶。

最后，和高吸水性树脂一样，它也可以用于工农业生产中，包括土壤保水剂、抑尘剂、石油脱水等。实际上，高吸水性树脂就是水凝胶的一种类型。

众所周知，新加坡是一个海滨国家，天气常年闷热潮湿，易让人感觉不舒服。基于这一点，新加坡国立大学的科研人员研究了一种水凝胶，它的内部含有一定数量的氧化锌。这种水凝胶能够很好地调节空气的湿度，资料介绍，它能吸收自身重量 2.5 倍的水分，在 7 分钟之内，就可以把空气湿度从 80% 降到 60%。

而且这种水凝胶在吸收水分后，透明度会降低，变为半透明。所以，它还能阻止阳光照射，起到降温作用。

另外，研究者发现，这种水凝胶在吸收水分后，导电性会增加，成为导体，所以可以用它制造电池，也可以用它制造能回收的电子元器件。因为水凝胶可以溶解在溶剂里，所以当这种元器件需要报废时，只需要把它们放在溶剂里，它们就可以溶解在里面，不会对环境造成污染。而且，将来还可以用它们重新制造新的元器件，从而实现循环利用。

— |第九节| —
天然保湿因子

平时，我们经常可以从一些化妆品广告里听到这样的话：本化妆品中含有天然保湿因子，具有吸水、锁水作用，能够滋润肌肤，让肌肤保持水嫩润滑、吹弹可破。

　　资料里介绍，天然保湿因子是一种叫丝聚合蛋白的蛋白质产生的物质，它的化学组成特别复杂，包括氨基酸、乳酸盐、柠檬酸盐、糖、肽等多种成分。

　　这些成分有一个共同点，就是它们的分子结构中都含有亲水性化学基团，所以它们容易和水分子结合。比如，每个氨基酸分子中同时包括氨基（—NH_2）和羧基（—COOH），它们都是亲水基团，如图 7-30 所示。

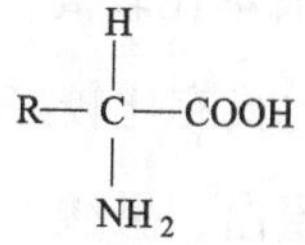

$$\underset{\underset{NH_2}{|}}{\overset{\overset{H}{|}}{R-C}}-COOH$$

图 7-30　氨基酸的分子结构

　　肽是由氨基酸构成的，蛋白质是由肽构成的，肽分子和蛋白质分子里自然也含有氨基和羧基等亲水基团。如图 7-31 所示。

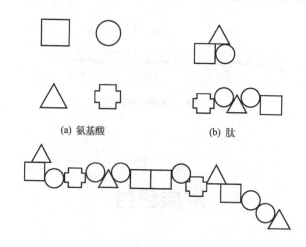

(a) 氨基酸　　　　　　(b) 肽

(c) 蛋白质

图 7-31　氨基酸、肽、蛋白质的结构示意

　　另外，乳酸钠分子里含有亲水基团——羟基（—OH）。图 7-32

是乳酸钠的分子结构式。

柠檬酸钠的分子里也含有羟基，它的分子结构式如图 7-33 所示。

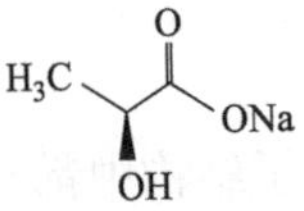

图 7-32　乳酸钠的分子结构式 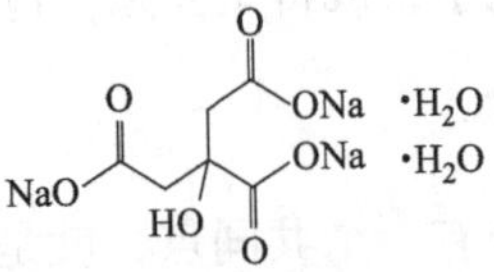　　图 7-33　柠檬酸钠的分子结构式

所以，天然保湿因子和它的组成物都是很好的调湿材料。

但是，天然保湿因子的成本比较高，所以可以使用一些替代品。人们发现，另一些天然物质也具有比较好的吸水、锁水作用，包括植物性蛋白，如大豆蛋白、谷蛋白、果酸、果胶、壳聚糖等，而且它们的成本相对比较低。

图 7-34 是壳聚糖的分子结构。可以看到，它的分子上含有很多羟基和氨基，它们都是亲水性基团。

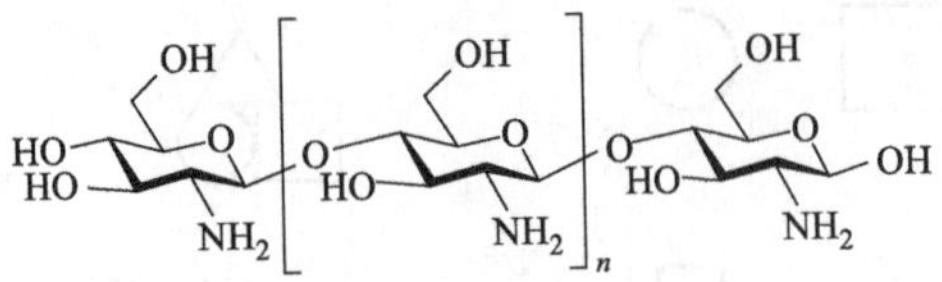

图 7-34　壳聚糖的分子结构

— | 第十节 | —
发展趋势

近年来，智能调湿材料取得了很多进展，但是目前仍存在一些问题需要解决。

一、进一步提高吸湿效能

包括吸湿容量和吸湿速度，重点是吸湿速度。

二、改进放湿效能

包括放湿容量和速度。目前的调湿材料普遍存在吸湿能力强而放湿能力弱的问题，将来需要使二者达到一个平衡。

三、湿度的控制

调湿材料应该能让湿度处于一个合适的范围。因为很多领域都要求湿度处于一个合适的范围，不能太高也不能太低，比如前面提到的文物、木材、纸张的保存等。这就要求调湿材料能够控制自己的吸湿量和放湿量，目前这是一个难点。为了解决这个问题，人们采用的办法是研制复合调湿材料，即把若干种性能不同的调湿材料混合起来，互相取长补短。比如用高吸水性树脂和沸石制备复合材料，树脂的吸附能力强而放湿能力弱，加入沸石后，可以提高材料的放湿能力。

四、仿生技术的应用

进一步利用仿生技术，开发性能更好的调湿材料。比如，很多人都知道一种海洋生物——水母，它身体中 98% 都是水分，剩余 2% 是蛋白质和其他物质，这给我们很大的启示，2% 的有机物是怎么吸附

98% 的水分的？

类似的还有一些植物，比如我们很熟悉的黄瓜（含水量 96%）、生菜（含水量 95.6%）、芹菜（含水量 95.4%）、水萝卜（含水量 95.3%）、西红柿（含水量 94.5%）等，它们优异的吸水和锁水性能和机制都值得人们去深入研究，在这个基础上，可以开发出性能更高的智能调湿材料。

五、新型调湿材料的开发

进一步开发新型调湿材料。其中一个方向是气凝胶，它被称为"超级海绵"，硅胶也属于一种气凝胶。和水凝胶相比，气凝胶内部的水分很少，所以吸附能力更强，有望成为新一代的高效智能调湿材料。

图 7-35 是气凝胶的微观结构。

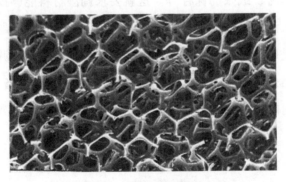

图 7-35　气凝胶的微观结构

六、其他

包括改进材料的加工工艺，实现大规模生产，控制产品的生产成本等。

第八章

变色材料和
"隐身衣"

　　"隐身"是人类多年以来的愿望，很多书籍中都有记载，最典型的自然是《西游记》了——从神仙到妖怪，几乎个个会隐身术。《三国演义》里也记载了几个这样的"神仙"，如左慈、于吉等。在古代，有些人用各种办法修炼"隐形术"或"隐身术"。现在的很多科幻电影里也经常看到这样的情景，最典型的就是哈利·波特的"隐身斗篷"了。

　　虽然很多人认为，"隐身"只是一种幻想，但是实践已经多次证明，随着科技的发展，很多古代的幻想，现在已经成为现实，比如千里眼、顺风耳、像鸟一样飞翔、嫦娥奔月……

　　常言说："没有做不到的事，只有想不到的事"。现在，材料学家也在研制隐身衣，希望让人们实现"隐身"的愿望，而制作"隐身衣"所使用的材料称为变色材料。

— |第一节| —
概　述

一、概念

　　变色材料的概念很容易理解，就是能自动改变颜色的材料，就像我们熟悉的变色龙一样。

二、原理

这种材料为什么能改变颜色呢？是因为它受到外界的刺激后，比如受热、光照等，化学成分或微观结构会发生改变，所以很多性质包括颜色也随之发生变化。如图 8-1 所示。

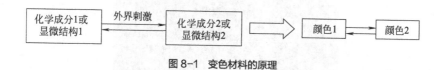

图 8-1　变色材料的原理

这种现象也很常见，比如，石墨是黑色的，它受到高温高压的作用后，化学成分没有改变，但原子结构发生了改变，成为无色透明的金刚石，如图 8-2 所示。

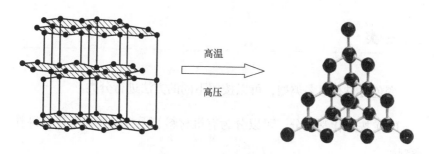

图 8-2　用石墨生产人造金刚石

还有一种材料叫变色硅胶。它在没有吸附水分的时候是蓝色的，吸附水分后会变成红色，这是由于化学成分改变了，使其颜色发生了变化。

澳大利亚出产一种神奇的宝石，叫欧泊，它的化学成分很普通，是二氧化硅。一般的二氧化硅的颜色就是白色或无色透明的，但是欧泊不是这样：它的表面五颜六色，白、黑、红、蓝、绿都有，所以被称为"调色板"宝石。人们经过研究发现，在欧泊的不同位置，二氧化硅的排列方式不一样，所以对光线的吸收、反射、折射也不一样，从而呈现出不同的颜色。如图8-3所示。

图8-3　欧泊的微观结构

三、分类

变色材料有很多类型，可以按照不同的方法进行分类。

（1）按照化学成分　可以分为有机材料、无机材料和复合材料等类型。

（2）按照变色的机制　可以分为光致变色材料、电致变色材料、热致变色材料、湿致变色材料、力致变色材料等。

（3）按照产品种类　可以分为变色纤维、变色纺织品、变色玻璃、变色塑料等。

四、应用

1.军事

资料介绍，美国国防部为军队研制了一种隐身衣，这种衣服是用变色材料制造的，模仿了变色龙的特点：在不同的环境里可以改变自己的颜色，从而能起到很好的隐蔽、伪装作用。

2.变色服装

日本研制了一种变色服装，它的颜色也可以随周围环境的改变而改变。英国研制了一种变色服装，它会随人的体温变化不停地改变颜色，而且不同的部位颜色不一样，绚烂多彩、引人注目，很受年轻人的喜爱。

3.智能调温服装

可以用变色材料制造智能调温服装。天气寒冷时，这种服装是深色的，能够吸收阳光的热量；天气炎热时，这种服装会变成浅色，从而能够反射阳光的热量。如图8-4所示。

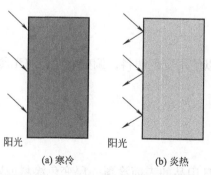

阳光　　　　　　　阳光
(a) 寒冷　　　　　(b) 炎热

图8-4　用变色材料制造的智能调温服装

4. 智能"调色 + 调光 + 调温"玻璃

可以在普通玻璃里加入变色材料,制造成智能"调色 + 调光 + 调温"玻璃。这种玻璃装在窗户上,可以调节室内的光线强度和温度。比如,在中午时,它的颜色会变深,透明度降低,能够阻挡一部分阳光照射到室内,就使得室内的光线不至于太强,而且温度不会太高;在傍晚时,这种玻璃的颜色会变浅,所以透明度增加,能使阳光更容易照射进房间,从而能够使室内变得明亮一些,而且温度能升高一些。如图 8-5 所示。

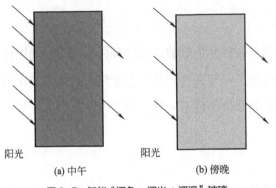

(a) 中午   (b) 傍晚

图 8-5 智能"调色 + 调光 + 调温"玻璃

变色镜就是用这种玻璃制造的,所以佩戴时感觉很舒适。

现在一些汽车和飞机的窗玻璃已经使用了这种玻璃,包括波音787 客机等。它代替了传统的机械式隔帘,乘客感觉更舒适、方便。

5. 农业

蔬菜大棚可以使用变色塑料,调整大棚内的光照和温度,促进蔬菜的生长。

6. 日用品

可以在一些日用品的表面涂覆一层变色涂料或贴一层变色薄膜,比如手机、水杯、书包、指甲油等,它们的颜色或图案会随着光照和温度的改变而不断地动态变化。

比如，可以做一种变色手机壳，在手里拿着时是红色的，把它放在桌子上后会变成蓝色，在阳光照射下变成黑色，等等。有的还会产生不同的图案，图案的颜色互不相同，色彩斑斓。

或者用变色材料做一种变色水杯：里面没有水时是白色的，倒入热水后，水杯变成了红色，随着热水变凉，水杯的颜色不停地变化，成为黄色、绿色、紫色……最后又变成白色。

7. 在防伪技术中的应用

可以用变色材料制造防伪商标，这种商标在不同的情况下有不同的颜色。比如，当它没有被阳光照射时，呈现一种颜色或图案，当把它对着阳光时，会改变为其他的颜色或图案。

8. 预警作用

有人提出，在飞机表面涂刷一层变色涂料，当机身或机翼内部存在应力从而有可能导致裂纹等缺陷时，涂料的颜色会发生改变，从而能够提醒工作人员进行检修。

9. 文物保护

有一种变色材料可以吸收紫外线，所以有人提出，可以把这种材料涂刷在文物的表面，它们能吸收阳光中的紫外线，这样就能避免紫外线对文物的损伤了。

10. 光电技术

变色材料也可以用于光电技术领域，制造一些信息存储、光电器件等产品。

—— |第二节| ——
光致变色材料

一、概念

　　光致变色材料就是受到光线照射后，颜色发生变化的材料。常见的光致变色材料是：不被阳光照射时是一种颜色，受到阳光照射时会变为另一种颜色。

　　有的光致变色材料被不同种类的光线照射时，会具有不同的颜色。比如，被太阳光照射时，它是一种颜色；被紫外线照射时，它会是另一种颜色；被红外线照射时，它又会改变为别的颜色。

　　甚至有的光致变色材料被不同颜色的光线照射时，也会呈现不同的颜色。比如，分别用红、橙、黄、绿、青、蓝、紫七种单色光照射，材料会呈现不同的颜色。

二、原理

1. 物体的颜色

　　要了解光致变色材料的原理，首先需要了解物体的颜色是怎么产生的？

　　我们知道，阳光是白色的，它实际上是由红、橙、黄、绿、蓝、靛、紫七种单色光组成的。

　　阳光照射到物体表面后，有的光线会被物体吸收，而有的光线会被反射回来，反射回来的光线进入人的眼睛，被人眼感知，从而体现出一定的颜色——这就是人看到的物体的颜色。

比如，如果物体吸收了红色光线，另外六种光线被反射回来，我们看到的就是这六种光线混合形成的颜色；如果物体吸收了某两种光线，其余五种光线被反射回来，那我们看到的就是这五种光线混合形成的颜色。

如果物体把七种单色光都吸收了，没有反射光线，那我们看到的就是黑色；如果物体对七种单色光都没有吸收，而是把它们都反射回来，也就是阳光被原封不动地反射回来，那我们看到的就是白色。如图 8-6 所示。

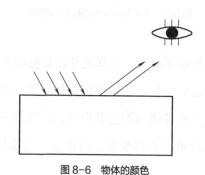

图 8-6　物体的颜色

如果反射回来的光线进入其他动物的眼睛，我们知道，很多动物的眼睛构造和人眼不一样，所以，在它们看来，物体可能是别的颜色，甚至有的不是彩色的，而是黑白的。除了颜色外，还包括物体的大小：人眼看到的物体的体积，在有的动物看起来，可能会显得特别大，或显得特别小。

2. 不同的材料对光线的吸收和反射情况不同

在多数情况下，材料的化学成分或显微结构不同，对光线的吸收和反射情况也不同，所以具有不同的颜色。当然，什么事情都不是绝对的，有的材料的化学成分或显微结构不同，但是对光线的吸收和反射情况也可能相同，所以具有相同的颜色，这种情况也很常见的。如图 8-7 所示。

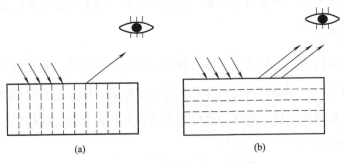

图 8-7　不同材料对光线的吸收和反射

3.光致变色材料在光线照射下，化学成分或显微结构会发生变化

光线都具有一定的能量，光致变色材料受到光线照射后，吸收光线的能量，化学成分或显微结构会发生变化，有的分子结构会发生变化，有的元素的化合价会发生变化，有的会产生晶体缺陷，如图 8-8 所示。

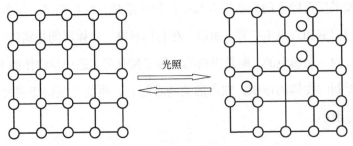

图 8-8　光照产生晶体缺陷

这样，它吸收和反射回来的光线和原来就不一样了，所以就呈现

出不同的颜色。

光线的种类不一样，波长和频率就不一样，具有的能量也不一样，光致变色材料受到照射后，化学成分或显微结构的变化也不一样，所以最终呈现的颜色也不一样。有的光致变色材料对光线的能量比较敏感，所以被不同的光线或不同颜色的单色光照射时，会表现出不同的颜色。

三、特征

光致变色材料具有一个突出的特征，即它们的变色性是可逆的。也就是说，它们受到光线照射时，会变成别的颜色；但是当光线恢复到原来的情况时，材料的颜色也会随之恢复。这就是变色的可逆性。如图 8-9 所示。

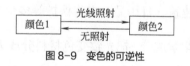

图 8-9　变色的可逆性

变色的可逆性来源于材料化学成分或显微结构变化的可逆性，如图 8-10 所示。

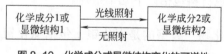

图 8-10　化学成分或显微结构变化的可逆性

有的材料受到光线照射后，颜色也会改变，但是光线恢复后，它们的颜色却不能恢复，这种材料并不是光致变色材料。如图 8-11 所示。

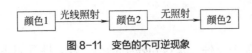

图 8-11　变色的不可逆现象

这种材料的不可逆变化是因为材料化学成分或显微结构变化具有不可逆性，如图 8-12 所示。

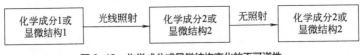

图 8-12　化学成分或显微结构变化的不可逆性

四、种类

光致变色材料的历史比较悠久。早在 1867 年，人们就发现了这种材料。经过多年的发展和积累，尤其是最近几十年以来，光致变色材料的研究和应用都取得了很大的进展：品种增加了，应用范围也很广泛，包括服装、建筑、日用品、文物保护等多个领域。

人们一般按照化学成分，把光致变色材料分成无机光致变色材料、有机光致变色材料、有机 - 无机复合光致变色材料三类。

1.无机光致变色材料

无机光致变色材料包括以下几个系列。

（1）金属卤化物　典型的是卤化银，包括氯化银（AgCl）、溴化银（AgBr）和碘化银（AgI）。它们具有典型的光致变色效应：受到光线照射时，会发生分解，形成新的产物，从而改变颜色；光线消失时，分解产物又会发生化合，重新形成卤化银，所以颜色又会恢复。如图 8-13 所示。

$$AgX \xrightarrow{\text{光线照射}} Ag+X \xrightarrow{\text{不再照射}} AgX$$

图 8-13　卤化银光致变色的原理

在这几种卤化银里，溴化银对光线的敏感性最强，光致变色效应最明显、突出。所以，在照相行业里，人们利用它的这种性质，用它来制造照相材料，比如胶卷：胶卷的表面涂覆了一层很薄的明胶，明胶里有很多微小的溴化银颗粒，直径一般只有 0.1～1μm。在拍照片之前，胶卷是透明的，拍照片时，光线照射到胶卷上的溴化银，溴化银就发生分解，反应式为：

$$2AgBr == 2Ag+Br_2$$

分解出的银颗粒是不透明的，所以会使胶片变成黑色。

拍摄的景物不同，或者景物的位置不同，它们反射到胶卷上的光线的强度不同，有的位置比较强，有的位置比较弱。接受的反射光线强的位置，溴化银分解得多，胶卷对应的位置就更黑一些；接受的反射光线弱的位置，溴化银分解得少，胶卷对应的位置就不太黑。所以我们可以看到，胶卷上有深浅不同的景物图案，如图 8-14 所示。

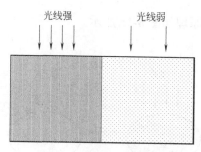

图 8-14　胶卷感光成像的原理

由于具有这种性质，人们经常把溴化银叫作感光材料。

氯化银也是一种比较常用的感光材料，也可以用来制造胶卷，但是它的感光性不如溴化银敏感，拍摄出来的照片不如溴化银的清晰，所以一般只用在要求不高的产品上。

溴化银还有一个很重要的应用——制造变色镜。变色镜的镜片里加入了一些溴化银和氧化铜的微粒。在室内或阴暗处时，没有受到光线直射，镜片的颜色很浅，透明度比较高；当来到室外、受到光线照射时，溴化银会发生分解，产生的溴分子会使镜片变为暗棕色，这就是我们平时看到的变色镜的颜色。这种颜色使得镜片的透明度降低，阻挡光线照射进眼睛，一方面让人感觉不刺眼，另一方面，还会起到一定的降温作用，让人感觉比较凉爽。

当再次进入室内时，光线变暗，银和溴会重新发生化合反应，生成溴化银，所以，镜片又会恢复原来的浅颜色，会使得更多的光线进入眼睛。氧化铜在化合反应中起催化剂的作用。

变色镜在不同情况下的反应式如下：

$$2AgBr \xrightarrow{\text{光线照射}} 2Ag+Br_2$$

$$2Ag+Br_2 \xrightarrow{CuO} 2AgBr$$

变色镜的变色原理如图 8-15 所示。

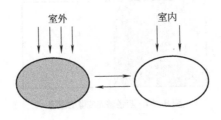

图 8-15 变色镜的变色原理

　　碘化银也具有感光性，受到光线照射时会发生分解。在分解过程中，会从周围吸收大量的热量。人们经常利用这种性质，用碘化银进行人工降雨：向空中喷射碘化银颗粒，它们在阳光的照射下，发生分解，同时，从周围吸收大量热量。这样，空气中的水蒸气就会发生凝结，形成水滴，达到一定的数量时，就形成了降雨，如图 8-16 所示。

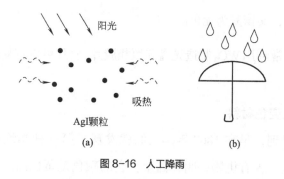

图 8-16　人工降雨

　　（2）过渡金属氧化物　这类光致变色材料包括三氧化钨（WO_3）、三氧化钼（MoO_3）、五氧化二钒（V_2O_5）、二氧化钛（TiO_2）等。

　　WO_3 的变色机理是：很薄的无色 WO_3 薄膜受到紫外线辐射后，会产生电子 e^- 和空穴 h^+，空穴会和薄膜表面吸附的水分发生反应，生成质子 H^+，质子 H^+、电子 e^- 会和 WO_3 反应，生成 H_xWO_3，人们把它叫作钨青铜型物质，它的颜色是蓝色的，所以，无色的 WO_3 薄膜变成了蓝色。三氧化钨薄膜的光致变色效应的化学反应式是：

$$WO_3 + h\nu \longrightarrow WO_3^* + e^- + h^+$$

$$h^+ + 1/2H_2O \longrightarrow H^+ + 1/4O_2$$

$$WO_3 + xe^- + xH^+ \longrightarrow H_xWO_3$$

　　当停止紫外线辐射后，在氧化性环境中，反应产物会发生反向的化学反应，重新生成 WO_3，所以薄膜的蓝色会消失，恢复为原来的无色状态。

三氧化钨薄膜只能感应紫外线，对可见光不敏感。所以人们采取了一些处理技术，让它也能在可见光的照射下发生变色。

另外，人们发现 WO_3 还具有另一种变色效应：当非晶态的 WO_3 受到波长为 248 nm 的激光照射时，会变成紫色；如果再被波长为 1.06 μm 的激光照射，又恢复为无色。

人们经常利用 WO_3 制造光盘和照相胶片，胶片可以重复使用多次。

2. 有机光致变色材料

前面提到，早在 1867 年，人们就发现了第一种光致变色材料。这种材料是一种有机物，叫并四苯，它的颜色是黄色的。人们发现，当它受到光线照射时，黄色会褪去，变为无色；当光线消失、并重新对无色的产物加热时，它又会重新变为黄色。

后来，人们又发现了其他一些有机物有这种性质。这就是有机光致变色材料。

目前，有机光致变色材料的种类很多，变色的机理也不相同，主要包括下面几种：氧化还原反应、周环化反应、化学键异裂、化学键均裂、电子转移互变异构，等等。

下面介绍一些常见的有机光致变色材料。

（1）螺吡喃类 这种材料是无色的，当它受到紫外线的照射时，分子结构中的 C—O 键会发生断裂，然后，部分结构发生旋转，形成一种新的结构，这种新结构使材料显示出颜色。

当紫外线消失后，如果用可见光照射这种新结构，或对它加热，它就又会恢复原来的结构，所以颜色也恢复为原来的无色。

螺吡喃的变色原理如图 8-17 所示。

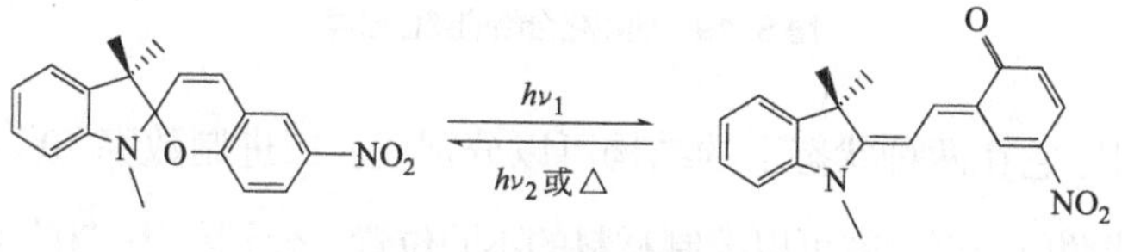

图 8-17 螺吡喃的变色原理

C—O 键发生断裂需要的时间很短，所以螺吡喃的变色速度很快。但是它的颜色很难保持，即使在室温下，短短几分钟后，它的颜色就开始消褪、变浅，几小时后，颜色就会完全消失、恢复为原来的无色。

螺噁嗪是人们在螺吡喃的基础上开发的一种新型的光致变色材料，它的变色机理和螺吡喃相似，变色原理如图 8-18 所示。

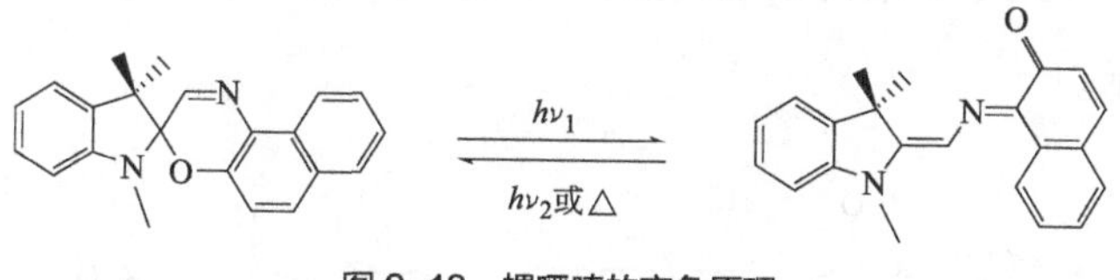

图 8-18 螺噁嗪的变色原理

螺噁嗪克服了螺吡喃的缺点：它的变色速度很快，而且性质很稳定——颜色能保持比较长的时间，不容易消失；而且，它的抗疲劳性也很好，能反复使用很多次。

（2）偶氮化合物 偶氮化合物在光线的照射下，分子结构会发生"顺式-反式"结构的反复变化，对可见光的吸收发生变化，从而导致颜色改变和恢复。变色原理如图 8-19 所示。

偶氮类化合物的光致变色性能很好。人们经常把它作为信息存储

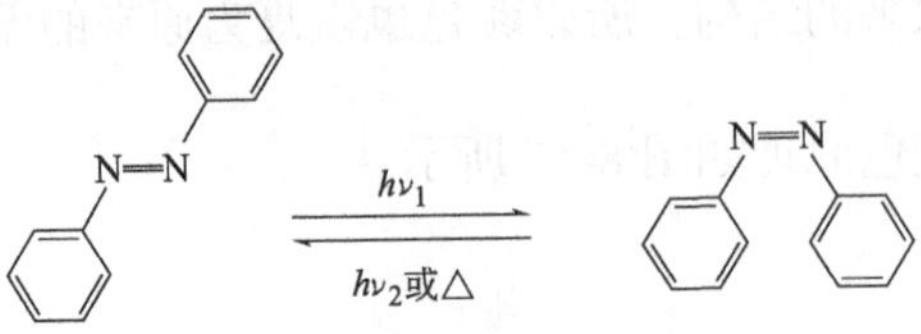

图 8-19 偶氮化合物的变色原理

材料使用：它在两种状态下的结构可以分别代表二进制数字"0"和"1"；通过光线照射与否，就可以控制材料的不同位置，分别处于"0"和"1"两个状态，这和计算机硬盘很像，所以是一种新型的信息存储材料。

而且人们发现，偶氮类化合物的存储密度很高，而且在读取信息时，具有非破坏性的优点，所以在信息存储领域，它是一种很有前景的材料。目前，这种材料最大的缺点是热稳定性不太理想：当环境温度较高时，它的变色性能会降低。

（3）俘精酸酐化合物　这种材料受到光线照射时，会发生价键互变异构，导致分子结构发生改变，从而产生变色现象。变色原理如图8-20所示。

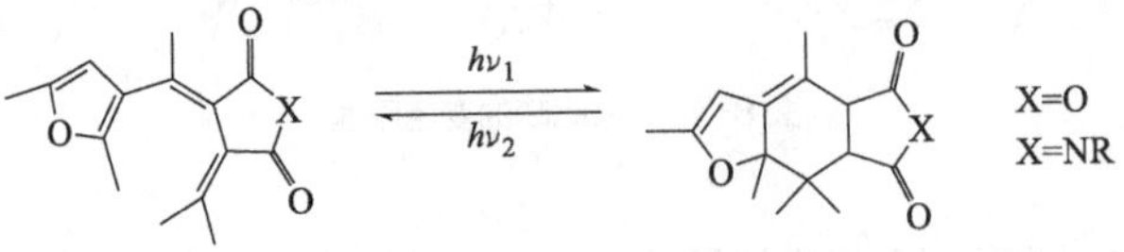

图 8-20 俘精酸酐化合物的变色原理

俘精酸酐化合物的热稳定性和抗疲劳性都很好，可以作为光信息存储材料使用，发展前景很好。

（4）二芳基乙烯化合物　二芳基乙烯化合物在紫外线照射下，会发生顺反异构反应和光环合反应，从而产生变色效应。变色原理如图8-21所示。

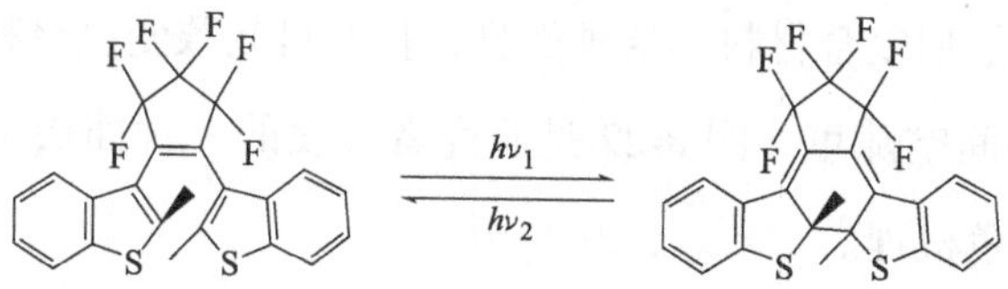

图 8-21 二芳基乙烯化合物的变色原理

这类材料的变色速度很快,而且热稳定性和抗疲劳性都很好。

和无机光致变色材料相比,有机材料的价格比较便宜,变色速度快,有的热稳定性和抗疲劳性也很好,所以具有比较好的应用前景,在服装染料、建筑涂料、玻璃、摄影、防伪、光信息存储、光信息处理、光通信、军事等多个领域都具有巨大的潜在应用价值。

3. 有机 - 无机复合光致变色材料

单一的有机光致变色材料和无机材料都存在各自的优点,但也有各自的局限性。比如,有机材料的变色速度快、变色效果好,而且种类丰富,但是热稳定性和耐疲劳性较差;无机材料的热稳定性和耐疲劳性很好,而且硬度、强度高,耐腐蚀性好,但是变色效果不十分令人满意。

基于上述原因,人们开发了有机 - 无机复合光致变色材料,目的是取长补短,使它们兼具两类材料的优点,争取起到互补作用。

常见的复合光致变色材料包括以下几种。

(1)配合物型复合材料 这种材料主要是把有机光致变色配体和金属离子进行配合,通过它们之间的协同作用,改善有机光致变色配体的热稳定性和抗疲劳性。但是金属离子也可能降低有机光致变色配体的变色效果,所以这点需要注意。

（2）插层型复合材料　这种类型是把有机光致变色材料插入层状无机物的层间空隙里，图 8-22 是研究者开发的一种插层型复合材料的结构和变色机理。

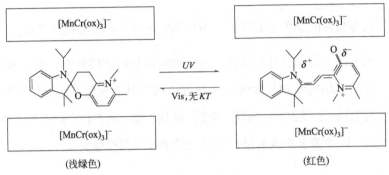

图 8-22　插层型复合材料的结构和变色机理

（3）介孔型复合材料　这种类型是利用多孔无机材料的结构，把有机光致变色材料加入这些微孔里，如图 8-23 所示。

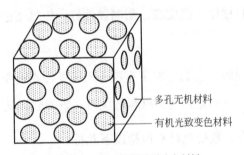

图 8-23　介孔型复合光致变色材料

（4）其他类型　比如有的研究者用金属卤化物和有机物相结合，研制了有机-无机复合光致变色材料，金属卤化物和有机物之间以离子键互相结合，如图 8-24 所示。图 8-25 是它的光致变色机理。

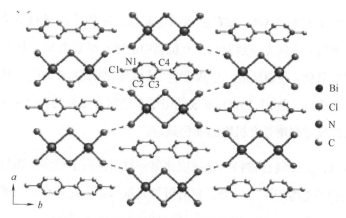

图 8-24 以离子键结合的有机－无机复合光致变色材料

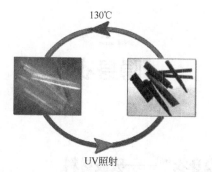

图 8-25 有机－无机复合光致变色材料的变色机理

另一个研究组设计了一种复合光致变色材料，作为太阳能电池的光吸收剂。一般的太阳能电池使用卤化铅做为光吸收剂，但是卤化铅的刚度不足，导致它的稳定性比较差，限制了它的应用。

基于此，研究者将卤化铅与光致变色有机物结合起来，合成了一种新型的能变色的光吸收剂。在这种材料里，光致变色有机物和卤化铅以共价键的形式结合，刚度很高，所以稳定性得到了很好的改善；另外，这种材料也提高了太阳能电池的光吸收范围，使电池的光电转换效率也提高了。

有的研究者将 WO_3 和有机物结合起来，制备了新型的多功能光致变色材料：受到光线照射时，有机物中的电子受到激发，进入 WO_3 中，产生氧化 - 还原反应，生成蓝色的钨青铜型产物 H_xWO_3，从而产生了变色效应；同时，WO_3 形成的电子和空穴有很强的氧化 - 还原性能，可以反过来增强有机物的变色效应。

所以，这种复合材料的光敏度比单一材料提高了很多，而且变色的颜色种类也增加了，另外，它对可见光很敏感，能够在可见光的激发下发生变色。

— | 第三节 | —
隐身衣

一、飞机的"隐身衣"——吸波材料

现在，隐身飞机是人们很熟悉的一种高技术武器，很多国家都在使用它。它成名于 1991 年的第一次海湾战争：当时，美国首次派遣 F-117 隐形轰炸机参加战斗，它们有效地躲避了伊拉克雷达的监控，成功地执行了任务，从此一举成名。

后来，很多国家对 F-117 隐形轰炸机的隐形技术进行研究，发现它采用了多种隐形技术，其中一种是在飞机表面涂覆了一层涂料，叫吸波涂料，它的特点是能够吸收敌方雷达发射的电磁波，从而使得飞机反射回去的电磁波很少，这样，雷达接收到的反射波的数量也很少，在雷达屏幕上显示不出飞机的形状：监控人员可能只能看到几个黑块或黑点，从而会误认为是小鸟等物体。如图 8-26 所示。

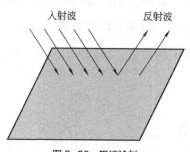

图 8-26　吸波涂料

目前，人们研制的吸波材料的种类已经比较多了，按照化学组成，可以分为以下几个系列：

① 铁系吸波材料　包括铁氧体、纳米磁性铁基材料等。

② 碳系吸波材料　包括石墨、碳纤维、碳纳米管、石墨烯等。

③ 陶瓷系吸波材料　典型的是碳化硅。

④ 有机物吸波材料　包括一些手性材料、导电高分子等。

二、"摄像机"式隐身衣

日本的研究人员研制了一种隐身衣，这种衣服是由一种类似显示器的材料制造的，而且在它的背部装了一个摄像机，前部装了一个放映机。背部的摄像机可以把背面的景物拍摄下来，然后把图像传输到放映机里，放映机再把图像显示在衣服上。这样，如果有人站在这个人的面前，他就看不到这个人，而是只能看到他身后的景物。

三、让光线"拐弯"的隐身衣

普通人不能隐身，是因为他把背后的景物挡住了，景物反射的光线没有进入别人的眼中，也就是没有被别人看到，而他自己的身体反射的光线却进入了别人的眼里，被别人看到了，如图 8-27 所示。

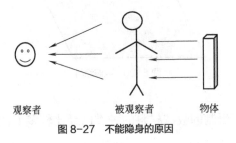

观察者　　　　　　被观察者　　物体

图 8-27　不能隐身的原因

科学家设想：如果让一个人穿上一种特别的衣服，这种衣服能使背后的景物反射的光线"拐弯"，绕过他的身体，然后发生反射，进入别人的眼里，同时，他自己反射的光线被景物的光线阻挡住，这样，别人就看不到他，而只能看到他背后的景物，这实际上就相当于他"隐身"了——这种衣服，自然就是人们梦寐以求的"隐身衣"了。

这是美国、英国等国的科学家提出的"隐身"理论。如图 8-28 所示。

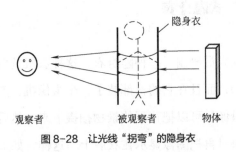

隐身衣

观察者　　　　　　被观察者　　物体

图 8-28　让光线"拐弯"的隐身衣

目前，这种方法的难点是寻找合适的材料来制造隐身衣。要想让光线绕过衣服表面，一个思路是把衣服的表面加工成很多特别小的颗粒，好像一个刺猬一样。这些颗粒的直径要和可见光的波长相当或更小，这样，光线才能绕过那些颗粒，如图 8-29 所示。

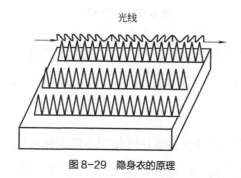

图 8-29 隐身衣的原理

人的眼睛能感知的光线（即可见光）的波长范围是 400～760nm，所以，衣服上的颗粒直径要和这个数据相当或比它小。

到底有多小呢？760nm=0.76μm，我们的头发直径一般是 80μm 左右，0.76/80≈0.01，也就是说，颗粒的直径是头发的 1/100。所以，制造这种衣服的难度非常大。

反之，如果想制造让声波"拐弯"的衣服，就容易多了：因为人耳能听到的声音的波长范围是 0.017～17m，所以，现在多数衣服表面的颗粒尺寸都比它小，所以，声波很容易绕过衣服向前传播，这样，我们可以听到一个人背后的物体发出的声音。常言说"隔墙有耳"，也是这个意思。如图 8-30 所示。

所以，制造隐身衣的关键，是让衣服表面的颗粒尺寸变小，而且这些颗粒不能吸收光波。

2009 年 1 月 16 日，美国"Science"杂志报道，美国杜克大学和

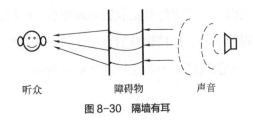

听众　　　　　障碍物　　　　声音

图 8-30　隔墙有耳

我国的东南大学的科学家研制了一种能使微波"拐弯"的材料。微波的波长在 0.1mm～1m 范围内，所以，他们的研究使隐身衣的研究往前进了一步。

更重要的是，目前很多雷达就使用微波探测目标，所以，这项研究可以用来制造飞机、坦克、军舰等武器的"隐身衣"。

四、变色龙和隐身衣

人们很早就研究了变色龙的变色机理，传统的观点认为：变色龙的皮肤里有一种细胞叫色素细胞，这种细胞里有各种颜色的色素颗粒，变色龙可以通过神经系统控制这种细胞，让里面的色素发生聚集或分散，所以就显示出各种颜色。如图 8-31 所示。

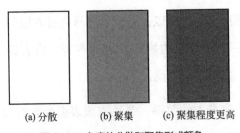

(a) 分散　　　　(b) 聚集　　(c) 聚集程度更高

图 8-31　色素的分散和聚集形成颜色

最近，研究者提出一种新的观点，这种观点认为，变色龙并不是依靠色素变色的。他们发现，变色龙的皮肤表面上有很多特别小的纳米晶体，它通过控制这些小晶体的形状、尺寸、排列方式等，可以改变光线的反射和折射，从而实现变色。如图 8-32 所示。

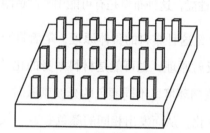

图 8-32　变色的纳米晶体机制

变色龙也可能是通过这两种机制同时起作用的：比如，它如果想变成红色，就把红色色素集中起来，然后红色光线通过那些纳米晶体照射到外面。

资料里没有详细介绍变色龙的颜色为什么可以和周围环境比较接近。我们可以这样设想：它的皮肤表面的那些小晶体相当于很多个小镜子，这些"小镜子"的角度可以由变色龙随意控制。周围环境的颜色反射到变色龙的身体上后，这些"小镜子"把那些颜色反射出来，所以它身体的颜色就和周围环境一样了，如图 8-33 所示。

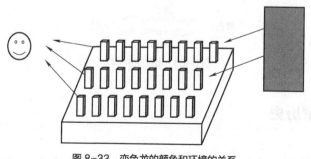

图 8-33　变色龙的颜色和环境的关系

所以，也可以利用这种原理制造隐身衣。日本的研究人员制造了一种布料，它的特点是，颜色和图案始终和周围的环境一致，因而就成了一种伪装色。当然在颜色的深浅、浓淡等方面仍存在一些差别。可以想象，如果继续改善它的性能，这种布料是有可能用来制造隐身衣的。

资料里没有介绍这种布料的具体原理，笔者推断：它可能是利用了"小镜子"的反射原理，也可能是材料本身的化学成分和显微结构造成的：当受到周围环境里不同颜色的光波刺激时，材料的成分和显微结构发生相应变化，从而发出相同的颜色。

— | 第四节 | —
电致变色材料

一、概念

电致变色材料在电场或电流的作用下，颜色或透明度会发生改变。如图 8-34 所示。

图 8-34　电致变色材料

二、发展历史

20 世纪 30 年代，人们发现了材料的电致变色现象。1969 年，研究者发现 WO₃ 薄膜具有电致变色性质，并用它制备了电致变色产品。从那之后，人们发现了更多的电致变色材料，并将它们应用于多个领域。比如，美国和瑞典的科研人员提出"智能窗户"的概念：在窗户玻璃的表面涂覆一层电致变色薄膜，用来自动调整房间里的亮度和温度。

2000 年前后，这种智能化的电致变色玻璃开始得到广泛应用。如伦敦的瑞士再保险塔的玻璃幕墙就使用了这种玻璃。2005 年，著名的法拉利公司在它的一款敞篷跑车上也使用了电致变色玻璃。2008 年，波音 787 梦幻客机的窗玻璃使用了电致变色玻璃，取代了原来的机械式遮阳板。

三、类型

目前，电致变色材料主要分为无机电致变色材料、有机电致变色材料和液晶电致变色材料等类型。

1. 无机电致变色材料

这类材料一般是过渡金属氧化物。按照变色机制，又可以分为阴极电致变色材料和阳极电致变色材料。

（1）阴极电致变色材料 这种材料处于氧化状态时没有颜色，变为还原态时会产生颜色。常见的材料有 WO_3、MoO_3、V_2O_5、TiO_2 等。

WO_3 是最典型的一种阴极电致变色材料，它会在电子的作用下，和一些阳离子如 H^+、Na^+ 等发生反应，生成钨青铜型物质，从而产生颜色。化学反应式是：

$$WO_3 + xMe^+ + xe^- == Me_xWO_3$$

$$(Me^+ = H^+、Li^+、Na^+等)$$

MoO_3 是另一种阴极电致变色材料，它的变色机理和 WO_3 近似，化学反应式是：

$$MoO_3 + xMe^+ + xe^- == Me_xMo_{(1-x)}{}^{6+}Mo_x{}^{5+}O_3$$

$$(Me^+ = H^+、Li^+、Na^+等)$$

（2）阳极电致变色材料　这种材料和上一种相反：在还原态时没有颜色，处于氧化状态时呈现颜色。常见的包括 NiO、IrO_x 等。

NiO 的变色机理是：

$$NiO + OH^- == Ni(OOH) + e^-$$

NiO 的变色性能优良，而且稳定性很好，抗疲劳性能也很好，能够反复使用多次。它的原料比较充足，所以成本也比较低。

IrO_x 是另一种阳极电致变色材料，研究者提出，它有两种变色机理。

总体来说，无机电致变色材料的耐热性和耐腐蚀性都很好，但是颜色种类比较少，灵敏度较低，响应时间比较长。

2. 有机电致变色材料

有机电致变色材料的种类比较多，包括氧化还原型化合物、金属有机螯合物、导电聚合物等。

（1）氧化还原型化合物　氧化还原型化合物具有不同的氧化还原状态，在不同的状态时，具有不同的颜色。在一定的条件下，这些化合物会从一种状态转变为其他的状态，所以产生变色。

比如，一种典型的材料叫紫罗精，它有三种氧化还原状态，可以在一定的条件下互相转换。如图 8-35 所示。

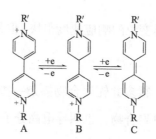

图 8-35 紫罗精的状态转化

在这三种状态中，状态 A 是无色的，状态 B 和 C 分别呈不同的颜色。所以，在 A、B 和 B、C 的转化过程中，会发生变色现象。

紫罗精的特点是：变色速度很快，响应时间很短，只有几十毫秒。人们经常用紫罗精制造显示器和汽车后视镜。

（2）金属有机螯合物 这种材料是由过渡金属离子和多配位基配体构成的，常见的一种是稀土酞花菁，它的分子结构如图 8-36 所示。

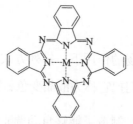

图 8-36 酞花菁的分子结构
M—氢或各种金属元素

其中一种叫镥钛菁的材料，给它施加一定的电压后，就会发生变色现象，而且在不同的电压下，颜色的种类不一样，如图 8-37 所示。

红色	$\rightleftharpoons$	绿色	$\rightleftharpoons$	蓝色	$\rightleftharpoons$	紫色
0.1V		0.0V		−0.8V		−1.2V

图 8-37 镥钛菁的电致变色

这种材料的优点是变色的响应速度很快，但是抗疲劳性能不太好，使用次数受限制。

（3）导电聚合物　很多共轭聚合物掺杂一些小分子物质后，导电性会提高，这就是导电聚合物，也叫导电高分子。

和其他一些重要的发现类似，导电高分子的发现也很有戏剧性。1974年，日本化学家白川英树在做实验时，不小心多加了很多催化剂，没想到最后得到了一种新材料，这就是第一种导电高分子材料。2000年，他因此获得了诺贝尔化学奖。

人们发现，有的导电聚合物也具有电致变色性质，通过施加不同的电压，聚合物会显示不同的颜色。其中聚苯胺是一种典型的电致变色导电聚合物，它的颜色种类多、变色速度快，而且可逆性好，是很有前景的一种变色材料。

3. 液晶电致变色材料

有的液晶分子在电场的作用下，排列方式会发生变化，会使得透光性发生改变，所以人们把它称为液晶变色材料。

人们利用这个特点，制造了能够自动调光的玻璃，叫智能调光玻璃。这种玻璃包括三层——上层和下层都是普通玻璃，中间是一层液晶膜，液晶膜的边缘安装了电极。

当电源关闭时，液晶分子混乱排列，光线不能穿过，玻璃就是不透明的；接通电源后，液晶分子会规则排列，光线就可以从分子间隙透过，所以玻璃就成为透明的了。如图 8-38 所示。

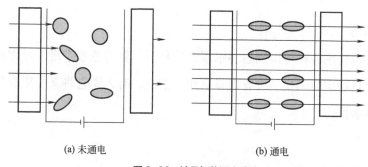

(a) 未通电　　　　　　　　　(b) 通电

图 8-38　液晶智能调光玻璃

窗户上如果使用这种玻璃，就不需要再安装窗帘了，所以，人们也把这种玻璃叫作电子窗帘。另外，这种玻璃受到撞击时不容易碎裂，属于一种安全玻璃，因为它的这种"汉堡包"式的结构和防弹玻璃很像。

四、应用

目前，电致变色材料的应用领域主要是智能调光玻璃和显示器等。

1. 智能调光玻璃

智能调光玻璃一方面能调整室内的亮度，另一方面也能调整室内的温度，能够起到很好的节能作用，而且使用方便，在建筑、汽车、飞机上已经获得了比较广泛的应用。

2. 汽车后视镜

人们也用这种玻璃制造汽车的后视镜：它可以根据车外光线的强度，

自动调节后视镜的反光，能够起到防眩目的作用，从而保证行驶安全。

3. 显示器

电致变色材料可以制造显示器，这种显示器的色彩丰富、对比度高，而且响应时间快、没有视觉盲角、节能，有人说它将来有望取代液晶显示器。

4.WO$_3$ 的巧妙利用

前面提到的智能玻璃、后视镜和显示器一般都需要额外的电源，所以就导致结构比较复杂，而且消耗能源。

由于 WO$_3$ 同时具有光致变色和电致变色的性质，有人提出，可以用它分别制造太阳能电池和智能玻璃、后视镜等，然后把它们连接在一起，让太阳能电池为智能玻璃提供电能，实现自力更生、自给自足。

— | 第五节 | —
发展趋势

变色材料的发展趋势主要包括下面几个方面。

1. 颜色对比度

目前，很多变色材料的颜色对比度比较低，也就是变色后和变色前的颜色差异不是特别明显。可以想象，如果用这些材料制造隐身衣，效果肯定不太好。

2. 响应速度

也就是材料发生变色（包括着色和褪色）的速度。从这个性能本身来说，应该是越快越好，在具体应用时，可以进行控制，让它具有适当的速度。

目前的变色材料，尤其是无机材料的响应速度很多都比较慢，需要较长的时间才能完成变色，颜色是缓慢改变的。

美国麻省理工学院的材料学家研究了一种电致变色材料，它是由有机物和金属盐构成的复合材料，这种材料能够使电子和离子在它们的内部快速传导，所以变色速度很快。

另外，这种材料的颜色对比度也比较好。现在的很多调光玻璃，一般是从透明变为绿色等颜色，对光线的调节能力有限。这种材料可以变成黑色，如果用它来制造调光玻璃，对室内亮度和温度的调节会更加有效。

3. 灵敏度

即材料对外界刺激（如光照、电压、电流等）的敏感度。现在的多数变色材料的灵敏度不高，在光线和电压等较弱时不能发生变色。

所以这一点也需要提高，争取让变色材料更敏感，即使刺激很轻微，颜色也能发生明显的变化。

4. 可逆性

也就是可以着色、也可以褪色，具有可逆性，而且能多次反复着色、褪色。这是变色材料最突出的特点之一。有的材料没有可逆性，颜色改变后不能返回，实际上不属于变色材料。

5. 变色效率

材料发生变色需要消耗能量，比如光致变色材料需要消耗光能，电致变色材料需要消耗电能。它们的颜色变化程度和消耗的能量呈一定的比例，比如，电致变色材料的颜色变化程度和消耗的电能呈比例，要想让颜色变化明显，就需要消耗较多的电能。今后的一个研究方向是提高变色效率，争取尽量减少电能的消耗，实现变色。这种性能也与前面提到的颜色对比度、灵敏度等性能存在一定的关系。

6. 抗疲劳性

很多变色材料的性能存在衰减现象：就是变色次数越多，变色效果越差，直到最后完全丧失变色性。人们把这种现象叫作材料的疲劳。

显然，材料的疲劳会影响它们的使用。所以应设法提高材料的抗疲劳性，使它们能够多次使用，以增加它们的使用寿命。

7. 其他性能

有的变色材料，尤其是有机变色材料的热稳定性、耐腐蚀性、耐候性还不能令人满意。在高温、腐蚀性、甚至光照环境下，变色性能会发生恶化，从而影响它们的使用寿命。在实际应用过程中，这点也需要加以注意。

第九章

聪明的药片
——控释材料

常言说："人是铁，饭是钢，一顿不吃饿得慌"。但是有时候，人们经常忙着做事，想一口气把它做完，所以就来不及吃饭。大家也都知道，如果长此以往，会影响到身体健康。

那么，有没有比较好的解决办法呢？

答案和前几章介绍的问题一样：有。这就是控释材料。

— |第一节| —
概　述

一、概念

控释材料就是采取一定的技术，控制材料的释放、扩散等行为。

很多人都听说过缓释胶囊，它实际上就是一种控释材料，它的特点是能使药物的释放速度减慢，从而延长药效的发挥时间。

二、功能

目前，最典型的控释材料是控释药物和控释肥料。

普通的药片吃下去后，到达胃里，在胃酸的作用下，发生溶解，被人体吸收；把普通肥料施加到田地里后，它们溶解在水里，然后被农作物吸收。

这些药物和肥料的有效成分的释放和扩散不能被控制。

而控释药物和肥料是另外一种情况：比如，有的药物要求不能在胃里溶解，必须完好无损地通过胃部，到达肠道后再溶解、释放里面的有效成分。人们通过设计药物的外壳，包括化学组成和构造，可以使它具有这样的功能，这样的药物就属于一种控释药物。

控释肥料也具有类似的功能：它们不会马上全部溶解在水里，而是会逐步溶解，从而缓慢、有步骤地释放出里面的营养成分，不至于造成浪费。

总起来说，理想的控释药物和控释肥料具有这样的特点：

① 能够在特定的时间发生溶解、释放有效成分。

② 能够在特定的位置、特定的环境里发生溶解、释放有效成分。

③ 能够以特定的速度溶解、释放有效成分。这一点和缓释药物有很大的区别。刚才提到了，缓释药物的特点是释放速度很慢，而控释药物的释放速度则是快慢自如，既可以快、也可以慢，完全由人来控制，具体来说，就是需要快的时候，它的释放速度就特别快，需要慢的时候，释放速度就会特别慢。

④ 能够按一定的剂量溶解、释放有效成分。

三、特点

控释材料具有以下几方面的特点：

① 控释药物能减少患者的服药次数；控释肥料能减少对田地的施肥次数；控释食品能减少进食次数。

所以，控释材料能节省人们的时间，为人们提供很大方便。比如，普通的药物，有的需要夜间服药，这就给患者带来很大的不便，而控释药物可以白天服药，在夜间释放有效成分。控释食品也具有这个特点：早晨吃一顿，中午和晚上就不用吃了，到时候，它会自动释放营养物质。

② 控释材料能使材料的浓度保持稳定，所以也能使它们的效果保持稳定，避免波动。比如，控释药物能使药物浓度保持稳定，控释肥料能使肥料的浓度保持稳定，控释食品能使营养物质的浓度保持稳定。

普通的药物、肥料和食物的浓度随时间呈下降趋势，刚服用时浓度最高，然后逐渐降低。这样的缺点是，在初期，可能并不需要那么高的浓度，所以就造成了浪费；而且，药物或肥料的浓度过高，可能对人体或农作物产生较大的毒副作用。在后期，可能需要较高的浓度，但这时，浓度反而不够了。

所以，控释材料能够延长材料的作用时间，提高效果，而且避免浪费。如图 9-1 所示。

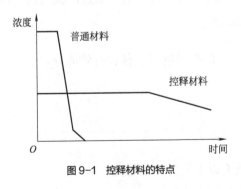

图 9-1　控释材料的特点

③ 有的控释药物能够做到定时、定点、定量、定速释放，所以，

可以有效地发挥疗效，实现精准治疗。

四、类型

控释材料可以按不同的分类方法，分为不同的类型。

1. 按照用途分类

目前的控释材料主要包括控释药物和控释肥料。可以预见，将来还可能出现第三类：控释食品。它在一些特种行业如军事、考古、勘探、航空航天、航海等领域具有重要的应用价值。

2. 按照结构分类

可以分为有效成分和载体两部分。

3. 按照载体的化学成分分类

可以分为有机控释材料、无机控释材料、有机-无机复合控释材料等。

4. 按照载体的性质分类

可分为溶解型控释材料、生物降解型控释材料、非生物降解型控释材料等。

5. 按照结构分类

分为包膜型、骨架型等。

6. 按照有效成分的释放方式分类

分为扩散型、化学反应型和溶剂活化型等。

7. 按照作用机理或刺激方式分类

可以分为温度敏感型、湿度敏感型、酸度敏感型、化学成分敏感型、光敏感型、电敏感型、磁敏感型等。

五、应用领域

目前的控释材料的主要应用领域是医疗（控释药物）和农业（控释肥料），随着控释食品的出现，这类材料的应用领域会扩展到军事、航空航天、航海、考古、勘探、日常生活等多个方面。

举个例子：现在吃晚饭时，如果食物很丰盛，人体在夜间本来不需要那么多营养物质，但是由于无法控制对它们的吸收，所以就很容易长胖。但到了第二天早晨，仍然会感到很饿，还需要吃早饭。

如果是控释食品，就不会发生这种情况了：它在夜里只释放很少的必须的营养物质；第二天白天，当身体需要时，才大量释放。这样，人就不会长胖。

— | 第二节 | —
控释材料的原理

一、物理控制

这种控释材料主要是采用物理方法控制有效成分的释放，整个释放过程属于物理过程。

目前主要是通过控制有效成分的扩散行为来控制它的释放速度和

数量。常采用的方法有以下几种。

1. 微孔控制扩散

　　把有效成分和载体结合在一起，在载体上加工一定数量的微孔，利用这些微孔控制有效成分的扩散：如果微孔的数量多、直径大，有效成分的扩散速度就快、扩散量大；反之，如果微孔的数量少、直径小，有效成分的扩散速度就慢、扩散量小。如图 9-2 所示。

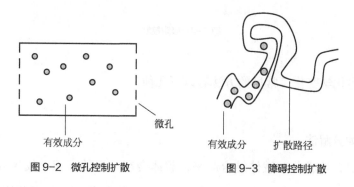

图 9-2　微孔控制扩散　　　　　图 9-3　障碍控制扩散

2. 障碍控制扩散

　　对有效成分施加障碍，控制它的扩散，比如延长扩散路径、施加阻力等，如图 9-3 所示。

3. 吸附控制

　　让有效成分吸附到载体上，载体对有效成分具有一定的控制作用，这样，有效成分就有了一定的黏度，好像被胶水黏起来了一样，这样，它们的扩散就受到了控制。如图 9-4 所示。

二、化学控制

　　这种方法主要利用化学方法控制有效成分的释放，在释放过程中

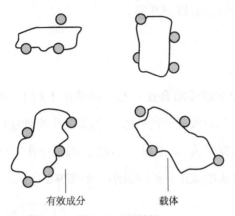

图 9-4　吸附控制

会发生化学变化。常见的方法有以下几种。

1. 载体分解法

　　把有效成分和载体结合起来，载体会在一定的环境里发生分解。随着载体的分解，有效成分就会释放出来，发挥作用。如果载体的分解速度快，有效成分的释放速度就快，如果载体的分解速度慢，有效成分的释放速度也慢。

　　载体分解法控释原理如图 9-5 所示。

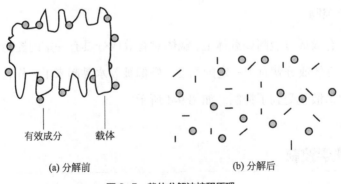

(a) 分解前　　　　　　　　　　　　　　(b) 分解后

图 9-5　载体分解法控释原理

2. 化学键法

利用化学键把有效成分和载体结合起来，在一定的环境里，化学键会发生断裂，所以有效成分会以一定的速度释放出来。

3. 化学吸附法

有效成分和载体通过化学吸附结合在一起，在一定的环境里，吸附作用减弱或消失，有效成分就以一定的速度释放出来。

三、复合法

综合利用多种物理方法和化学方法，控制有效成分的释放。

四、溶剂控制

1. 渗透控制

有效成分被封装在载体里，载体是一种特殊的材料，叫半透膜。当载体周围有溶剂时，溶剂会渗透进入半透膜的内部，有效成分溶解在溶剂里，形成溶液，然后，溶液带着有效成分从半透膜中渗透到外面，有效成分就得到了释放。如图 9-6 所示。

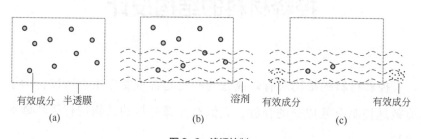

图 9-6　渗透控制

有效成分在溶剂中的溶解度不一样，向外渗透的速度也不一样，所以，它的释放就得到了控制。

2.溶胀控制

有效成分搭载在能发生溶胀的载体上，当周围有溶剂时，溶剂渗透到载体里，载体发生溶胀，分子链间的空隙就变大，对有效成分的束缚作用减弱，有效成分就从载体上扩散到外面。如图9-7所示。

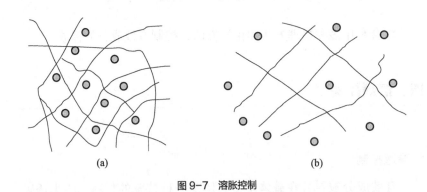

(a)   (b)

图9-7 溶胀控制

— | 第三节 | —
控释材料的结构设计

控释材料的结构对有效成分的释放起着重要作用，所以，为了有效地控制有效成分的释放，人们对控释材料的结构进行了巧妙地设计。

一、包膜型结构

1. 原理

这种结构是把有效成分封装在一个外壳里，最常见的形式是胶囊。它只在特定的时间和环境里才能发生溶解，所以就可以控制里面有效成分的释放。如图9-8所示。

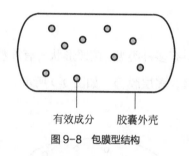

有效成分　　胶囊外壳

图9-8　包膜型结构

现在，人们服用的缓释胶囊就是一种包膜型结构的控释材料。

2. 特点

除了能有效地控制有效成分的释放外，包膜型结构控释材料还有其他一些优点：

① 有的药物味道不好，比如特别苦，患者不愿意服用。把它制成包膜型结构，就很好地解决了这个问题。

② 有的药物、肥料等有效成分容易挥发，所以容易造成浪费。制成包膜型结构，就可以防止这种情况发生了。

③ 有的药物会刺激和损害口腔、食道或胃黏膜，有的有刺激性气味，甚至有的有毒性。制成包膜型结构，就可以防止它们的危害，从

而保护人的这些器官。

④有的药物会被唾液或胃酸分解、破坏，从而过早失效。制成包膜型结构，就可以保护这些药物，防止它过早失效，能让它们在需要的位置发挥作用。比如有的药物需要完整地通过口腔和胃部，进入肠道后再发挥药效，包膜型结构药物就可以发挥这个作用。

⑤包膜型结构里可以盛装液体药物。对患者来说，服用很方便。

3. 类型

包膜型控释材料有多种类型：按照形状，有筒型、球型、片型等；按照层数，有单层膜、多层膜等，如图 9-9 所示。

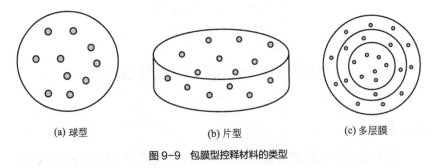

(a) 球型　　　　　　(b) 片型　　　　　　(c) 多层膜

图 9-9　包膜型控释材料的类型

按照膜的结构，有致密膜、微孔膜、溶解性膜等。

（1）致密膜　这种薄膜的表面是致密的，它们在一定的环境里，液态物质会渗透到薄膜内部，薄膜里面包裹的有效成分溶解在液体里，然后通过扩散作用，随着液体扩散到外部——也就是前面提到的半透膜。有效成分的释放速度和薄膜的渗透性质有关。

（2）微孔膜　这种薄膜的表面有一些微孔，在没有使用时，这些微孔用致孔剂堵塞了。当它们达到特定的位置后，致孔剂会溶解在周围的液体中，比如胃液、肠液等，这样，微孔就打开了，液体进入薄膜内部，将里面的有效成分溶解，有效成分就通过微孔释放到外面。有效成分的释放速度可以通过微孔的数量和大小进行调节。如图9-10所示。

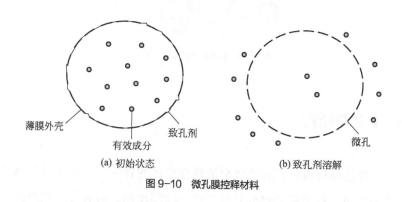

(a) 初始状态   (b) 致孔剂溶解

薄膜外壳   有效成分   致孔剂   微孔

图 9-10 微孔膜控释材料

（3）溶解性膜 这种薄膜在一定的环境里会发生溶解，比如，有的在胃液里溶解，有的在胃液里不溶解，只在肠液里溶解——这就是肠溶性薄膜。薄膜溶解后，里面的药物就释放出来了。

二、微球型结构

微球型结构控释材料是把有效成分和载体混合起来，制造成很多微球，也就是很细小的颗粒。这些微球的直径一般在几到几百微米之间。它们到达指定的位置后，载体发生溶解或分解，把有效成分释放出来。载体的溶解和分解需要一定的时间，而且单个微球释放的有效成分很少，所以，微球型结构具有较好的控释作用。如图9-11所示。

微球的尺寸、载体的溶解性或分解性都会影响控释效果。

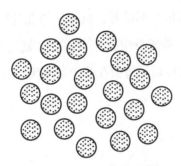

图 9-11 微球型结构控释材料

三、骨架型结构

这种控释材料是把有效成分装载在载体的骨架里，骨架通过物理或化学作用，对成分的释放起到较好的控制作用。有效成分的释放速度和骨架的类型、空隙大小、数量等很多因素有关。如图 9-12 所示。

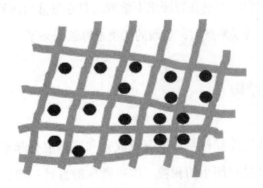

图 9-12 骨架型结构控释材料

图 9-13 是丝素蛋白的纤维结构，丝素蛋白是从蚕丝里提取出的蛋白质，从它的结构可以看出，它能作为一种很好的骨架材料。研究者进行的测试表明，用它制备的控释药物，释放时间可以持续200 小时。

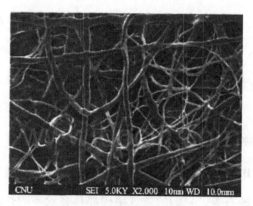

图 9-13 丝素蛋白的纤维结构

另外，有一种材料叫环糊精，它的分子结构是一种奇特的圆筒型结构，中间的空腔里可以装载有效成分，所以也是一种理想的骨架材料，如图 9-14 所示。

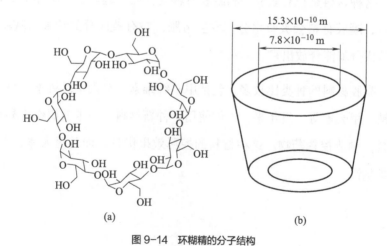

图 9-14 环糊精的分子结构

骨架材料有的能降解，有的不能降解。对控释药物来说，如果骨架在人体内不能降解，还需要设法让它们排出体外，比较麻烦。

针对这一点，人们开发了溶蚀性骨架，这种骨架是用脂肪和蜂蜡等材料制造的，它们在体液的作用下，能够发生溶蚀，从而把里面的药物释放出来，释放的速度和骨架的结构、溶蚀速度、数量等都有关系。

这种药物的制造方法比较简单：在较高的温度下，把药物和骨架材料混合均匀，让药物分子进入骨架的间隙里，然后冷却、制粒，再压制成片剂或制成胶囊。

农业上使用的控释肥料经常用一些无机矿物材料做骨架，包括沸石、蒙脱石、蛭石等，它们的微观结构都具有较多的孔隙，前面的章节中进行过介绍。

四、凝胶型结构

这种材料是把有效成分和凝胶材料混合在一起。当周围环境中有水时，凝胶材料会吸收水分，发生溶胀，对有效成分的约束力减弱，有效成分就能释放出来。

凝胶材料的种类比较多，包括甲基纤维素、羟丙甲纤维素、海藻酸钠、甲壳素等。近年来，人们使用一种新材料——卡波姆作为凝胶材料，制造控释药物。这种材料的控释效果优良，而且对人体无毒、无刺激性。

— | 第四节 | —
控释材料的载体

按照结构，控释材料可以分为有效成分和载体两部分。其中，载体的作用是承载有效成分，并控制有效成分的释放。所以，载体的性能对整个控释材料起着至关重要的作用。

　　按照具体作用或功能，载体可以分为黏附材料、包膜材料、骨架材料、致孔剂等。

　　载体的性能取决于它的化学成分和结构，上节介绍的主要是它的结构。本节介绍载体的化学成分。

　　总体来说，载体的化学成分包括有机物和无机物两类，在有机物中，可以分为非生物降解型和可生物降解型两类。

　　下面介绍目前应用较多的一些载体材料。

一、羟丙基纤维素

　　羟丙基纤维素简称 HPC，它的黏结性和热塑性都很好，容易加工，主要用途包括：

　　① 制作包膜型控释材料的薄膜或包衣。HPC 容易成膜，韧性、弹性都很好，不容易破坏。

　　② 作为骨架型控释材料的骨架。

　　③ 作为药物的黏结剂，包括颗粒型、片剂等。

二、卡波姆（Carbopol）

　　Carbopol 是另一种很好的控释材料，性能优异、用途广泛。

　　① 可以作为黏附材料。Carbopol 和人体组织有很好的生物黏附

性。这是因为：一方面，它能和黏膜糖蛋白产生物理吸附作用；另一方面，还能和糖蛋白分子链形成氢键，形成凝胶网状结构。

作为黏附材料，Carbopol 的优点是黏附强度高，黏附时间长。

② 可以作为控释微球的骨架材料。Carbopol 能使微球与胃肠壁牢固地结合，所以能延长药物在胃肠内的释放时间。

需要注意的是，Carbopol 不适合单独作为薄膜使用，而是更适合作为骨架材料使用。因为研究发现：如果只是把它作为微球的薄膜，在胃肠道里，它和胃肠壁的黏附力太大，而和微球里面的药物的结合力比较小，所以控释效果并不好。比较好的方法是，首先把 Carbopol 和药物混合均匀，然后再制成微球，这样，Carbopol 和胃肠壁以及药物的结合力都会比较高，对药物的控释效果比较好。

三、聚乙烯吡咯烷酮

聚乙烯吡咯烷酮简称 PVP，是一种合成高分子材料，它有多方面的优异性能：

① 黏结性好。可以作为颗粒、片剂的黏结剂使用。

② 成膜性好，容易加工成薄膜，薄膜的强韧性很好，不容易破裂。

③ 容易在水里溶解。所以适合作为生物降解薄膜和骨架，不会在人体内残留。

④ 对人体没有危害，生物相容性好。

所以，它目前是国际流行的三种药物辅料之一，具有良好的应用和发展前景。

四、丝素蛋白

丝素蛋白是从蚕丝里提取的一种蛋白质，呈纤维状，所以可以作为一种很好的骨架材料。它具有如下优点：

① 具有优异的力学性能，强度、柔韧性都很高。

② 容易加工成多种形式，比如微球、薄膜、纤维、凝胶等。图 9-15 是人工制备的丝素蛋白纳米纤维。

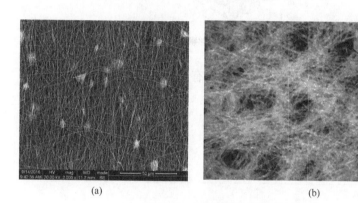

(a)　　　　　　　　　　　(b)

微孔

图 9-15　人工制备的丝素蛋白纳米纤维

图 9-16 是用丝素蛋白制造的骨架材料。

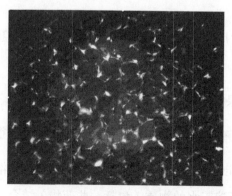

图 9-16　用丝素蛋白制造的骨架材料

近年来，有的研究者利用 3D 打印技术，模仿丝素蛋白的结构，制造了人造丝素蛋白，图 9-17 是这种技术的示意图。

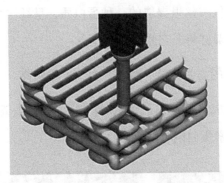

图9-17　3D 打印的人造丝素蛋白示意

③ 丝素蛋白是天然蛋白，对人体没有危害，生物相容性很好。

④ 丝素蛋白在人体内能够生物降解，不会残留。

五、白蛋白

白蛋白是一种天然蛋白质，存在于很多生物体内，包括多种类型，常见的有血清白蛋白、肌白蛋白、乳白蛋白、卵白蛋白、麦白蛋白、豆白蛋白等。

人们也经常用它作为控释材料的载体，比如制备控释材料的微球。它的特点包括：

① 控释效果很好。

② 黏结性好，与微球内部的药物和胃肠表面都能很好地结合。

③ 白蛋白能使药物更好地在体内活动。白蛋白能溶解于水，而且它可以和一些不溶于水的物质（包括一些药物）结合，形成易溶于水

的物质，从而使它们能自由地在血液中运输。

④ 白蛋白可以生物降解，对人体没有毒性。而且，人体内的白蛋白很容易和重金属离子结合，然后通过排泄系统，把它们排出体外，所以可以起到很好的解毒作用。所以，食用一些白蛋白丰富的食物，可以起到较好的排毒、解毒作用。

⑤ 研究发现，白蛋白具有较好的靶向性：它可以把药物准确、有目的地输送到病灶区，然后让药物释放出来，从而最大程度地发挥药物的疗效。

六、环糊精

环糊精是由少数（一般为 6～12 个）葡萄糖单元构成的低聚糖有机物，芦荟里就含有这种物质。

前面介绍了环糊精分子的结构：各个葡萄糖单元互相连接，形成一个锥形圆筒结构。由于这种独特的结构，使得它具有一些相关的优点。

① 它的内腔里可以储存有效成分，从而具有很好的控释作用。同时，它对有效成分的包裹还能阻止它们的挥发、抑制它们的刺激性气味等，能延长它们的保存期。在药物、肥料、食品甚至污水处理等领域都有潜在的应用前景，比如，有的速溶茶就是把浓茶汁和环糊精混合，让浓茶汁进入环糊精分子的空腔里。还有一些香料中也使用了环糊精，防止了香料的损失，降低了成本。也有人用它处理污水，吸附污水里的污染物。

② 具有较好的黏结性。

③ 环糊精分子的外部具有亲水性，能溶解于水中。所以，环糊精能够通过在内腔里储存一些不溶于水的物质，间接地提高它们的溶解性。

④ 化学性质特殊：环糊精在碱性物质中很稳定，但在酸性物质的作用下会分解；能被 α- 淀粉酶水解而不能被 β- 淀粉酶水解。所以，环糊精特别适合制造"定位型"或靶向性控释材料，即能对目标进行识别和选择：只在特定的位置或环境里分解，释放有效成分。

⑤ 环糊精对人体无毒无害，而且能被人体吸收。

七、其他薄膜材料

其他常用的薄膜材料分为两类：生物降解型和非生物降解型。

生物降解型材料包括：乙基纤维素、丙烯酸树脂、硅橡胶、聚丙烯、明胶、淀粉、聚乳酸、聚甲酰胺等。非生物降解型材料包括聚乙烯、聚氯乙烯、聚氧硅烷等。

对微孔型薄膜来说，致孔剂是一种重要的材料，目前常用的致孔剂有乳糖、聚乙二醇、羟丙基纤维素、聚维酮等。

八、其他骨架材料

① 无机物骨架材料，包括硅藻土、沸石、膨润土、蛭石等。

② 不溶性有机物骨架材料，包括聚氯乙烯、聚乙烯、聚氧硅烷等。

③ 溶蚀性骨架材料，主要是脂肪和蜡类有机物，如蜂蜡、硬脂酸丁酯等。

④ 凝胶骨架材料，包括甲基纤维素、羟丙基纤维素、卡波姆、海藻酸钠、甲壳素、乙烯 - 醋酸乙烯共聚物 (EVA)、聚乙烯醇（PVA）等。

九、抑制剂

也叫阻滞剂。有时候，为了进一步提高控释效果，尤其是降低有效成分的扩散速度，经常加入抑制剂，常见的有乙基纤维素、硬脂酸、丙烯酸树脂等。

— | 第五节 | —
"更"聪明的药片

一、智能脉冲式控释材料

1. 背景

智能脉冲式控释材料是一种新型的控释材料，智能化水平更高。比如，前面提到的微孔型和骨架型控释材料有一个问题：微孔上的致孔剂或骨架溶解后，里面的药物就释放出来。但是当这个位置痊愈后，药物仍会不断地释放，所以，这就造成了浪费。

同时，由于很多疾病的发作具有周期性，所以，这就要求药物的释放最好也具有周期性：在病情发作时，释放速度快、释放量大；当病情缓和后，能够控制药物的释放，让释放速度减慢、释放量减小；

当病情再次发作时，释放速度又能加快、释放量增大……。也就是最好做到因病施治、因病施药。

智能脉冲式控释材料可以解决上述问题，能够根据对象的特征控制有效成分的释放，如图 9-18 所示。

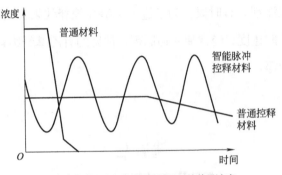

图 9-18　智能脉冲式控释材料释放药品浓度

2. 特点

智能脉冲式控释材料具有脉冲式、定时、定位、定向、速效、高效、长效等特点。

（1）脉冲式　即释放行为具有脉冲性或周期性，能够释放，也能够控制，做到收放自如。也就是能够根据需要，控制释放行为，包括是否释放、释放速度、释放量等。

（2）定时　能按照设定的时间释放药物。

（3）定位　能在设定的位置释放药物。

（4）定向　能向设定的目标释放药物。因为在很多位置，病菌和正常组织经常是共存的，这就要求释放药物时要有针对性，防止对正常组织造成破坏，避免"玉石俱焚"的情况。

（5）速效　对药物的释放"收放自如"——不需要释放时，能够很好地控制，需要释放时，速度快、数量多、剂量大，具有"静如处子、动如脱兔"的效果。

（6）高效　药物的释放路径合理、高效。比如，并不是所有被释放的药物都一窝蜂一样沿一条途径向目标前进，而是可能会从不同的方向、沿不同的路径包围目标。如图9-19所示。

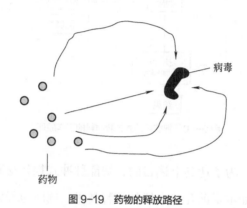

病毒

药物

图9-19　药物的释放路径

（7）长效　作用时间长。

3.措施

脉冲式控释材料采用什么方法达到"脉冲"式释放呢？具体方法很多，思路基本相同：智能脉冲性控释材料具有多种功能，包括感知功能、响应功能、执行功能等。感知功能负责感知治疗对象的性质，比如化学成分、温度、pH值、血压、声音、光、电、磁等性能。响应功能负责对感知到的信息做出响应，也就是控释材料自身的一些特征发生变化，比如载体的化学成分、微观结构、相关的性质如溶解性、化学键、分子链的膨胀和收缩等。执行功能指控释材料开始执行相应的行为，主要是通过载体来控制有效成分的释放。如图9-20所示。

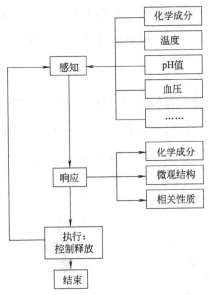

图 9-20　智能脉冲式控释材料的工作原理

具体来说，为了达到上述目的，智能脉冲式控释材料综合使用了多种技术，比如本章前几节介绍的控释技术，同时也经常使用其他一些智能技术，比如前面介绍的自愈合技术等。

举一个简单的例子。比如，对发热患者来说，其中一种智能脉冲式控释药物的载体是微孔型，薄膜的分子结构类似于人的皮肤——对温度很敏感：患者发热时，温度升高，薄膜会发生膨胀，表面出现孔洞，里面的药物就会释放出来；退热后，温度降低，薄膜收缩，孔洞消失，药物就不会释放；如果再次发热，药物又会被释放出来，直至药物释放完全。如图 9-21 所示。

二、温度敏感型智能控释材料

这种材料也叫热敏性智能控释材料，一般是高分子水凝胶材料，

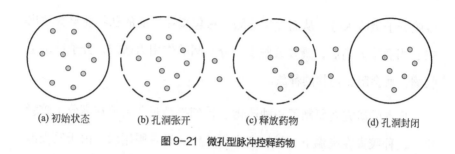

(a) 初始状态   (b) 孔洞张开   (c) 释放药物   (d) 孔洞封闭

图 9-21 微孔型脉冲控释药物

它的特点是：载体的体积和微观结构会随周围环境温度的改变而发生变化。而且这种材料有两种类型：一种是普通的热胀冷缩型；另一种正好相反，是热缩冷胀型，是在温度低时发生膨胀，而在温度升高时发生收缩。

其中一种热胀冷缩型材料的机理是：在低温下，水凝胶分子之间容易形成氢键，使得分子结构比较致密，体积发生收缩，把有效成分固定在内部；在高温时，氢键发生断裂，凝胶吸收水分发生溶胀，结构变得疏松而膨胀，内部的有效成分就被释放出来；如果温度降低，体积重新发生收缩，把有效成分封闭在内部。如图 9-22 所示。

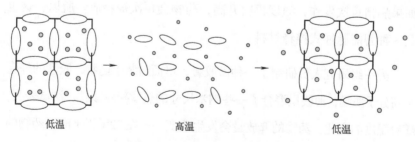

低温   高温   低温

图 9-22 温度敏感型智能控释材料

热缩冷胀型材料的机理是：当这种材料进入人体后，在低温时，凝胶分子吸收水分，从而发生溶胀，被包裹在里面的药物能够释放出来；当温度升高后，凝胶会脱水，分子间的作用力增加，分子链发生收缩，就会阻止药物的释放。

日本的研究者研制了一种药物：他们把消炎药封装在高分子胶囊里，这种胶囊在高温下，结构会变得疏松。患者服用后，由于发炎部位的温度比周围高，所以，当胶囊到达发炎部位后，里面的消炎药就会释放出来，发挥疗效。

随着炎症的缓解，温度下降，胶囊的结构变得越来越紧密，释放的药物越来越少，当炎症消失后，药物也不再被释放了。

如果过一段时间后，炎症再次发作，温度再次升高，胶囊的结构又会变得疏松，药物又会被释放出来。所以，这就是一种智能脉冲式控释药物。

有的药物还利用了相变原理：在凝胶的相变温度以下，把药物和凝胶结合起来，当温度升高到凝胶的相变温度以上时，凝胶发生相变，转变为另一种新相，体积发生膨胀，里面的药物就释放出来。当温度重新降到相变温度以下时，凝胶的体积收缩，药物就重新被封闭起来。如果病情再次发作，温度再次升高，药物会再次被释放。所以，这也是一种智能脉冲式控释材料。

另一组研究人员研制了一种微胶囊，里面封装了药物，胶囊的外壳是高分子薄膜，薄膜里混合了一些纳米尺寸的热敏凝胶颗粒。测试表明，随着温度的变化，药物的释放量会发生改变——在32℃以上时，药物的释放量明显提高。这是因为，在高温下，胶囊的外壳会发生收缩，产生较多的孔隙，从而有利于药物的释放。温度低于32℃时，药物的释放量减小。

三、酸度敏感型智能控释材料

也叫 pH 值敏感型智能控释材料。这种材料的体积和微观结构会随周围环境的 pH 值的改变而发生变化，从而控制里边的有效成分的释放。

有一种药物，要求在肠道里释放，但是它容易受到胃酸的破坏而失效。所以，人们把它包裹在一种高分子水凝胶里，这种高分子水凝胶的特点是含有一些酸性基团。它们进入胃中后，由于胃里有胃酸，水凝胶会形成氢键，分子间的作用力变大，所以水凝胶网络发生收缩，里面的药物就被封闭起来，得到了保护。当水凝胶到达肠道后，由于肠道里的环境属于弱碱性，水凝胶的氢键会发生断裂，网络结构就变得疏松，同时水凝胶吸收水分，发生溶胀，网络变得更加疏松，药物就从里面扩散出来，发挥药效了。如果再次进入酸性环境里，水凝胶会再次发生收缩，把里面的药物封闭起来。如图 9-23 所示。

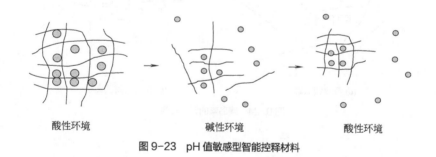

| 酸性环境 | 碱性环境 | 酸性环境 |

图 9-23　pH 值敏感型智能控释材料

另一种治疗糖尿病的药物，能够智能控制胰岛素的释放。先把胰岛素和一种葡萄糖氧化酶包裹在一种高分子水凝胶薄膜里面，这种高分子上带有一些碱性基团。如果体内没有葡萄糖分子，水凝胶薄膜的结构就比较致密，胰岛素被密封在里面；如果体内出现了葡萄糖分子，它们会渗透到薄膜里面，和里面的葡萄糖氧化酶发生化学反应，生成葡萄糖酸，葡萄糖酸会使水凝胶分子上的碱性基团发生质子化，带上正电荷。正电荷之间存在静电斥力，所以水凝胶的网络就会变得疏松，这样，里面的胰岛素就释放出来，降低葡萄糖的浓度，也就是开始治疗糖尿病了。葡萄糖浓度降低后，水凝胶薄膜会重新收缩，把胰岛素密封在里面。如图 9-24 所示。

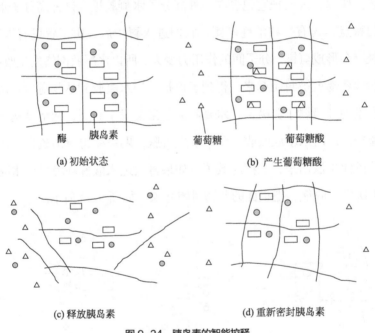

图 9-24　胰岛素的智能控释

四、光敏感型智能控释材料

光敏感型高分子凝胶受到光线照射时，体积会发生变化。这是因为这种材料里包含对光线敏感的化学基团：受到光线照射时，它们的结构会发生变化，从而能控制内部药物的释放。

而且有的材料具有可逆性：受到光线照射时，结构变得疏松或发生溶胀；光线消失后，体积发生收缩；重新进行照射，再次溶胀，周而复始，就像一个开关一样，能很自如地控制药物的释放，所以，这也是一种脉冲式控释材料。如图 9-25 所示。

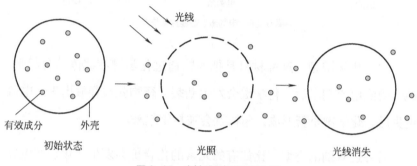

图 9-25　光敏感型智能控释材料

五、电刺激型智能控释材料

这种材料是通过对电流的感应控制药物的释放。具体的类型主要包括以下两种。

（1）体积变化型　把药物密封在特殊的高分子载体胶囊里，这种载体受到电流刺激后，体积会发生膨胀，里面的药物就被释放出来；电流消失后，胶囊发生收缩，药物又被密封起来；当病情再次发作时，电流又增强，载体又受到刺激，体积发生膨胀，药物再次被释放出来，循环往复。所以，这也是一种脉冲式控释材料。如图 9-26 所示。

当然，这种药物使用的电流是由病情产生的：病情发作时，体内的一些物质发生变化，产生电化学反应，从而产生电流，对胶囊产生刺激。

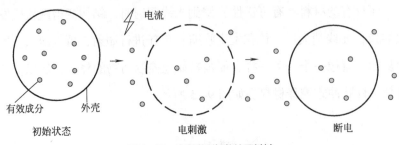

图 9-26　电刺激型智能控释材料

（2）化学键型　这种材料是把药物通过化学键和载体结合起来。载体受到电流刺激后，化学键会发生断裂，药物就被释放出去。电流消失后，化学键重新形成，药物就会被封闭起来。

另外还有别的类型，比如有的元素的化合价会发生变化、产生离子交换等。

六、磁场敏感型智能控释材料

这种材料是利用磁场控制药物的释放。具体方法是：在高分子凝胶里混合一些磁性微粒。周围有磁场时，磁性微粒的温度会上升，对高分子凝胶起到加热作用，所以，凝胶的体积发生膨胀（有的发生收缩），从而释放里面的药物。磁场消失后，凝胶体积发生收缩（或膨胀），药物被封闭起来。如图 9-27 所示。

目前，产生磁场的装置一般都置于体外，由电源和线圈等部件构成，体积一般很小，只有手表那么大。当患者的病情发作时，就可打开开关，产生磁场，对体内的胶囊产生刺激，让它释放药物；病情缓解后，关闭开关，胶囊重新把药物密封起来。所以，这种药物的释放是由患者自己控制的。

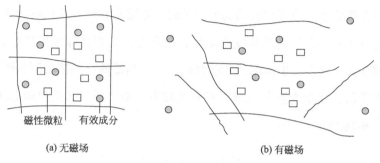

磁性微粒　有效成分

(a) 无磁场　　　　　　　　　　(b) 有磁场

图 9-27　磁场敏感型智能控释材料

七、化学成分敏感型智能控释材料

这类材料包括两大类：第一类是体积变化型药物，第二类是靶向性药物。它们发挥功能都受特定的化学成分的影响。下面分别进行介绍。

1. 体积变化型药物

这类材料的溶胀性能和一些化学成分有关系：有的病菌或者病变区的化学成分会使凝胶发生溶胀或收缩，所以可以控制药物的释放。

前面提到的日本研制的治疗糖尿病的药物也属于一种化学成分敏感型智能控释材料，也是一种脉冲式智能控释材料，能够模拟胰岛细胞的功能，根据血液中葡萄糖的浓度高低调节药物的释放。

还有一种胰岛素控释药物，利用羟基和硼酸基的化学键控制药物的释放。原理是：胶囊的外壳包含硼酸基和聚乙烯醇，硼酸基和聚乙烯醇分子中的羟基会形成化学键，从而形成结构致密的薄膜，把药物密封在胶囊里。当周围有葡萄糖分子时，硼酸基和羟基形成的化学键会受到破坏，薄膜的结构变得疏松，胶囊外壳出现孔隙或发生溶胀，空隙变大、变多，里面的药物就释放出来。当葡萄糖的浓度降低到正常水平后，化学键重新生成，胶囊又发生收缩，药物又被封闭起来。如图9-28所示。

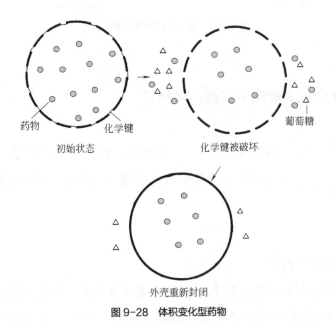

图9-28 体积变化型药物

2.靶向性药物

很多普通药物被服用后，实际上只有很少一部分真正地作用在病变部位，多数都在其他部位消耗掉了，所以导致利用率比较低，治疗效果不理想。而且，大部分药物反而对正常部位产生了副作用。

所以，很长时间以来，人们一直尝试开发针对性更强的药物，形象地说，就是会"瞄准"的药物，能够专门针对病变部位发挥疗效,这就是靶向性药物。无疑,靶向性药物能够实现平时常说的"精准治疗",用量少,但是效果好,而且对人体的副作用小。如图9-29所示。

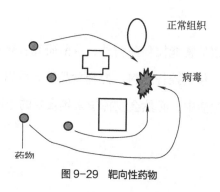

图 9-29 靶向性药物

为了达到有的放矢的目的,在设计和制造靶向性药物时,人们主要采取了下述几个方面的措施:

① 以病变区或病菌的物理化学性质为目标,如温度、血压、pH值等,设计药物的化学组成和结构,使靶向性药物的载体能感知到那些特征,然后产生响应,控制药物的释放。

② 以病毒或病变细胞的化学组成和微观结构为目标,设计药物的化学成分和结构,使靶向性药物的载体能感知到,从而产生响应,精准地作用于这些特定的对象。

前面介绍过,用白蛋白作为微球的控释药物就具有一定的靶向性。

八、其他材料

智能控释材料还有其他的类型,比如压力敏感型,它能够在一定的压力下释放药物。因为组织发生病变后，它的血压经常会出现异常。

此外，还包括血流速度敏感型、黏度敏感型、声敏型、甚至颜色敏感型等。

除了前面介绍的智能控释药物外，目前研究者还在开发其他类型的智能控释材料，包括控释肥料、控释食品等。可以预见，它们在我们未来的工作和生活中，必然会发挥越来越重要的作用。

第十章

永不充电的手机
——释电材料

现在，对很多人来说，手机充电是个挺头疼的事，基本上每天或隔一天就得充一次。如果去外地出差，总是不停地提醒自己，千万不能忘带充电器。

现在，我自己每天早晨醒来做的第一件事就是给手机充电。如果忘记了充电，心里会感觉特别不踏实。每次当电量快用完时，给手机插上充电器接头的那一刻，会有一种"久旱逢甘霖"的感觉。

有没有办法解决这个问题呢？当然也有——这就是释电材料。在将来的某一天，人们的手机很可能会永远不需要充电！

— |第一节| —
会发电的鱼

在介绍释电材料之前，我们先从一种奇怪的鱼说起。

在很多少儿百科全书里，都介绍了一种奇怪的鱼——"会发电的鱼"。这种鱼叫电鳗，它在捕食猎物时，会向它们放电，把它们电死或使它们昏迷，然后很轻松地吞食它们。当电鳗受到别的动物或人的威胁时，它们也会放电，从而保护自己。

资料介绍，电鳗放电的电压平均在 350V 左右，最高能达到 800V，特别危险，所以，人们把它们叫作"水中的高压线"。

人们经过研究，发现电鳗的放电原理是这样的：它的身体两侧排列着很多特殊的细胞，这些细胞像很多薄片一样叠在一起。在神经系统的刺激下，会有带电的离子通过这些细胞的细胞膜，从而产生电流，所以，这些细胞就相当于一个个微型的电池。而且，这些"微电池"从头到尾串联在一起，就会产生很高的电压。

电鳗并不是任何时候都能放电：它放一段时间后，电流会逐渐减弱，直到最后消失。但休息一会后，或者吃一些食物后，又能"满血复活"——重新放电了。

所以，当地的渔民捕捉电鳗时，经常利用这个特点：先把一些牲畜赶进水里，让电鳗放电，等电鳗的电量消耗完、停止放电后，渔民再下去捕捉，这样就可以不被电击了。

电鳗是放电能力最强的鱼，除了它之外，还有其他一些鱼也会放电。在它之前，人们已经发现了另一种会发电的鱼，叫电鳐，电鳗的发电原理和电鳐基本相同。电池就是根据电鳐的原理发明的，图 10-1 是电池原理的示意图。

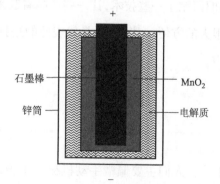

图 10-1　电池的原理

说了这么多，会发电的鱼和手机有什么关系呢？大家很容易就能想到：可以把这种鱼看作手机的电池，它可以向外放电。另外，它放完电后，需要吃一些食物，然后才能重新放电——这就和手机电池一样，需要充电。

这两点都不稀奇。

稀奇的是：有时候，电鳗可以不吃东西，只需要休息一会儿，也能重新放电。所以，我们自然能想到：如果手机电池也能做到这点，那我们就可以永远告别充电器和充电宝了！

手机电池能做到吗？接着往下看就知道了。

— |第二节| —
"永动"手表

众所周知，永动机是不可能制造成功的，因为它违反了能量守恒定律。

但是，人们仍旧研制了一些技术，让一些产品看起来像"永动机"，从而给人们带来很大的方便。其中，最具代表性的是日本的两种手表：双狮表和西铁城表。

一、双狮表

20世纪80年代，人们主要佩戴手动机械式手表，这种手表依靠机芯里的发条提供动力：发条有比较强的弹性，把它拧紧后，随着逐渐松弛，它会带动齿轮旋转，齿轮再带动表针转动。

可以想象到，随着时间的延续，发条会越来越松，提供的动力越来越小，表针走动会越来越慢，超过一定时间后，表针就特别慢了，这就使得手表的误差越来越大，直到最后完全停止不动。

所以，为了保证正常运行和准确性，那种手表需要经常上发条——一般是每天上一次。就是用两个手指把手表顶端的一个小齿轮拧紧。那个齿轮的直径只有几毫米，和一个大米粒差不多。可以想象，拧它很费劲，经常把手指磨得特别疼。

所以，那种手表很麻烦，因为万一忘了上发条，它的时间就不准了，很容易耽误事。

20 世纪 80 年代末，日本生产了一种全自动手表，叫双狮表，很好地解决了这个问题，它最大的特点就是不需要手动上发条。

这种手表的设计非常巧妙，因为手表都是戴在手腕上，而手腕经常会摆动。所以，这种手表的内部安装了一个自动旋转盘，当手臂摆动时，这个旋转盘会旋转，然后能够驱动一组齿轮把发条卷紧。所以，这种手表能够依靠手臂的摆动自动上紧发条。

这种手表是不是很像一个"永动机"？

二、光动能手表

1995 年，日本另一个有名的公司——西铁城（CITIZEN）公司开发了另一种新产品——光动能手表，它的内部安装了一套光动能机芯，能够吸收外界的可见光，然后把光能转化为电能，继而再转化为动能，为手表提供动力，驱动手表运转。

这种手表也很像一个永动机，因为它不需要人们主动为它提供能量。测试表明：即使在黑暗环境中，它也能自动运行 6 个月到 10 年的时间。

另外，光动能手表使用的太阳能电池不需要更换，对消费者来说很方便。而且据公司介绍，电池里也没有有毒有害元素，不会对环境造成污染。

目前，光动能技术是西铁城公司的核心技术，光动能手表是它的拳头产品，销售额占公司总销售额的 80% 以上。

那这两种手表和手机有什么关系呢？

不难想象：如果我们的手机也采用这两种技术，那还需要充电吗？

— |第三节| —
压电材料

一、概念

压电材料在受到压力时，表面会产生电荷或出现电压。如图 10-2 所示。

二、压电效应

这种现象人们很早就发现了，发现者是居里夫人的丈夫——P. 居

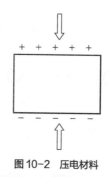

图 10-2 压电材料

里和他的哥哥 J. 居里，他们都是法国有名的物理学家。

　　1880 年，他们发现，如果在石英晶体上放一块物体，石英的表面会产生电荷，而且物体越重，产生的电量越多，人们把这种现象称为"压电效应"。后来，人们发现其他一些材料也具有这种效应，就把这些材料称为压电材料。

　　为什么压电材料具有这种性质呢？人们研究后发现，它们不受外力时，内部的电荷无序分布，或者正电荷和负电荷的中心互相重合，整体表现为中性；当受到压力后，材料产生变形，正、负电荷发生有序排列，或者它们的中心发生相对位移，两端的表面就出现了异号电荷。材料受到的压力越大，有序排列程度越高，或正、负离子发生的相对位移也越大，正电荷和负电荷的中心分离程度越大，两个端面的异号电荷就越多。这种现象叫作极化。所以，材料的压电效应是由于在压力下，材料发生了极化而形成的。如图 10-3 所示。

　　当压力去除后，材料又会恢复中性状态。

　　压电材料受到拉力时，表面也会产生电荷，原因和受到压力时一样。也就是说，压电材料在拉力下也会产生压电效应。如图 10-4 所示。

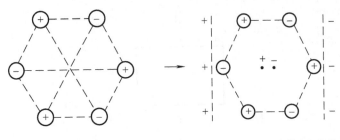

正、负电荷中心重合　　　　　　　正、负电荷中心分离

(a) 正、负电荷位移引起的压电效应

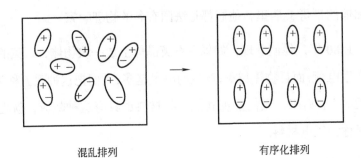

混乱排列　　　　　　　　　　有序化排列

图 10-3　压电效应

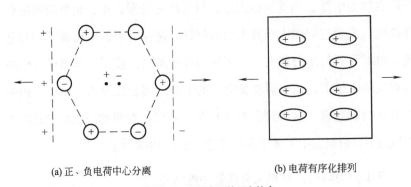

(a) 正、负电荷中心分离　　　　　　(b) 电荷有序化排列

图 10-4　在拉力下的压电效应

后来，居里兄弟又发现了另一种形式的压电效应：如果把压电材料放入一个电场里，材料的形状会自动改变；把电场去除后，材料又

会恢复原形。他们把这种现象叫作逆压电效应，如图 10-5 所示。把上面那种现象叫作正压电效应。

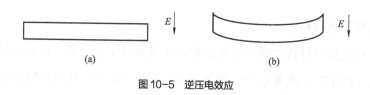

图 10-5　逆压电效应

逆压电效应的机理和正压电效应正好相反：压电材料在电场的作用下，正、负电荷中心发生了位移，从而使得形状发生改变。

逆压电效应也被称为电致伸缩，因为材料在电场的作用下，发生了变形，和热胀冷缩很像。

三、种类

压电材料有不同的分类方法，按照化学组成，可以分为无机压电材料、有机压电材料、复合压电材料等；按照几何特征，可以分为压电体材料和压电薄膜两类。

1. 无机压电材料

无机压电材料主要包括压电晶体和压电陶瓷。压电晶体一般是指压电单晶体，压电陶瓷一般是指压电多晶体。

压电晶体最典型的是石英晶体。压电陶瓷的种类很多，常见的有钛酸钡、钛酸铅、铌酸锂、锆钛酸铅、铌酸铅钡锂等。

压电晶体的稳定性很好，但是压电效应比较弱，而且不容易加工；

而压电陶瓷的压电效应比较明显，容易加工成各种形状，所以应用领域更广泛。

2. 有机压电材料

有机压电材料也叫压电聚合物或压电高分子。常见的包括聚偏氟乙烯（PVDF）、聚氟乙烯、聚氯乙烯、尼龙 -11 等。这类材料的特点是柔韧性好、密度低，在有的领域具有很好的应用前景。

3. 复合压电材料

这类材料一般是在有机材料中加入压电陶瓷制造的，同时具有压电陶瓷和有机物的优点，在医学、传感、测量等领域应用广泛。

四、应用

从前面介绍的压电效应可以看到，压电材料能实现机械能和电能间的转换。而且，如果压力是机械振动的形式，压电材料会产生交变电信号，即交流电；反之，如果给它施加交流电，它会产生机械振动。如果振动频率达到一定程度，就是超声波了。所以，由于这些特性，压电材料在日常生活、电子电气、通信、军事等很多领域获得了广泛应用。下面举几个例子。

1. 压电陶瓷点火器

现在，有的燃气灶安装了压电陶瓷点火器，这种点火器里有一个压电传感器，传感器的核心部分是一块压电陶瓷。用户使用燃气灶时，只需要按一下按钮，压电陶瓷感受到手指的压力后，就产生电压，在燃气口产生电火花，就把燃气点燃了。

这种点火器使用方便、灵敏、安全可靠，而且使用寿命很长。资料介绍，有的可以使用100万次以上。按照每天使用5次计算，一年使用2000次左右，它可以使用500多年。

除了燃气灶外，现在人们使用的电子打火机很多也是使用了压电陶瓷点火器，如图10-6所示。

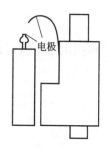

图10-6 电子打火机的原理

2. 计时功能

我们每天使用的手机和电脑都有时间显示功能，而且特别准确。这是怎么实现的呢？

实现计时功能的部件叫石英晶体振荡器，里面的核心部分是压电石英晶体。手机或电脑可以对石英晶体施加一定频率的交变电场，石英晶体由于逆压电效应，会产生一定频率的机械振动，而且振动频率很稳定，也就是需要的时间基本一致。振荡器再控制其他部件把时间记录下来，最后显示出来。如图10-7所示。

除了具有这个特点外，石英的机械性能、化学稳定性也很好，而且现在人们可以用人工合成的方法生产质量很高的石英晶体，成本也

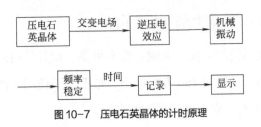

图10-7　压电石英晶体的计时原理

不高，所以，现在石英晶体应用很广泛。比如，石英表里也安装了石英晶体振荡器，由它来控制马达运转，马达带动指针走动，所以石英表的精度特别高。

另外，其他很多产品，包括电子电气通信设备等，都使用了石英晶体振荡器进行计时。

3. 声呐系统

我们知道，声呐系统在航海、军事领域应用很广泛，可以用来探测水中的目标，或者进行导航、通信等。声呐系统也是使用了压电材料实现它的功能的。

声呐系统的核心部件叫换能器，它是用压电材料制造的。它的作用有两个：一是向水中发射声波，二是接收返回的声波。发射声波是按照逆压电效应实现的，接收声波是按照正压电效应实现的。对压电材料施加一定频率的电压，它就产生机械振动，换能器把这个振动转换成声波，发射到水中；声波遇到目标后，会反射回来，换能器接收到之后，里面的压电材料在声波的压力作用下，产生电信号，经过处理后，就可以探测出目标的位置、距离。如图10-8所示。

早在第一次世界大战时，法国物理学家郎之万就用石英晶体制造了水下超声探测器，用来探测德国的潜艇。

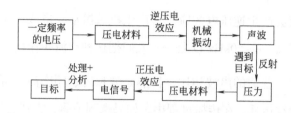

图 10-8　声呐系统

除了军事用途外，现在，声呐系统在民用领域应用也很广泛，比如，可以用来进行海底勘探，测量海底的地形、地貌等。甚至有的渔民也在渔船上安装了声呐系统，用它来探测鱼群。如图 10-9 所示。

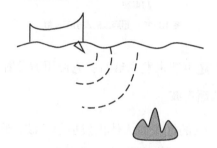

图 10-9　声呐系统的应用

4.B 超

现在，B 超是医院里一项重要的检验内容，具有很多优点：能清楚地显示内脏的图像，而且具有立体感；检验方便易行；没有放射性，对受检者不会造成损伤，他们没有痛苦。

你知道吗？ B 超也使用了压电材料。

B 超的全称叫 B 型超声波检查。它的核心部件是它的探头，探头里安装了一组超声换能器，超声换能器是用压电材料制造的。

和声呐系统里的换能器一样，B 超里的换能器可以发射超声波，也可以接收超声波。电源接通后，探头被施加了脉冲电信号，里面的压电材料就会产生逆压电效应——产生机械振动，形成声波。这种声波的频率很高，在 20kHz 以上——人们把这种声波叫作超声波。

超声波和普通的声波相比，特点是波长短、频率高，可以向某个方向沿着直线传播，在传播过程中，如果遇到障碍，它就会反射回来，不像普通声波一样，会绕过障碍继续传播，如图 10-10 所示。

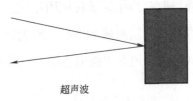

超声波

图 10-10 超声波的发射与反射

蝙蝠就是依靠超声波来发现猎物：它使用嘴发射超声波，使用耳朵接收反射回来的超声波。

使用 B 超时，它的探头向人体内发射超声波，超声波遇到内脏，就会反射回来，由于不同的内脏的位置、性质（比如密度）不一样，所以反射回来的超声波的强度也不一样。探头里的压电材料接收到这些超声波后，由于正压电效应，产生电信号，这些电信号经过一系列的处理后，最终就形成了 B 超图像。如图 10-11 所示。

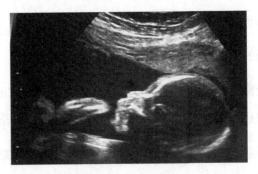

图 10-11 B 超图像

5.超声波清洗

可能有人去医院洗过牙，或去首饰店里清洗过首饰。这几年，洗牙或洗首饰很流行的技术是超声波清洗，它也是利用了压电材料。

超声波清洗机的核心部件是超声波换能器，它由压电材料制造。通电后，换能器把高频电信号转化为超声波，向清洗对象发射。

清洗对象事先都浸泡在液体里，比如首饰。牙齿也可以认为浸泡在液体里。在超声波的作用下，液体里面会出现很多小气泡，而且这些小气泡会不断发生膨胀、破裂、再形成、再膨胀、再破裂……在这个过程中，不断产生冲击波，冲击清洗对象表面的污物。

这些冲击波的压强很大，资料介绍，可以达到 $10^{12} \sim 10^{13}$Pa。我们知道，1 个大气压约为 10^{5}Pa，可以想象，这些冲击波的力量有多大！在冲击波的作用下，污物会慢慢离开牙齿或首饰表面。

人们把这种现象叫作空化效应。如图 10-12 所示。

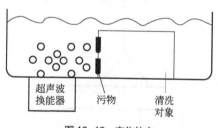

图 10-12　空化效应

有的读者可能会问，冲击波的压强那么大，那人的牙齿岂不会被冲下来？这个不用担心，因为虽然它的压强大，但是那些气泡的体积都很小，作用面积特别小，所以对清洗对象本身的影响很小，人基本感觉不到。

超声波清洗具有效果好、速度快、省时、省力的优点，尤其适合清洗形状复杂的对象，只要液体能渗进去就可以。

而且，这种方法对清洗对象本身的损害很小：比如用它洗牙时，基本不会破坏牙齿表面的牙釉质；用它清洗首饰时，首饰本身也基本不会受到破坏。

医疗上所说的其他一些超声波治疗技术，比如超声波碎石等，基本也是利用这个原理进行的。

6. 发电地砖

有人还提出，可以利用压电材料的性质，制造"发电地砖"：这种地砖里含有一些压电材料，人踩上去就能产生电荷，所以，它就能发电了！如图 10-13 所示。

图 10-13　发电地砖

这种产品特别适合于人流量大和车流量大的场合，如车站、地铁站、商场等。

按照这个思路，可能在将来的某一天，我们的鞋、袜子都有可能成为微型发电机了。

7. 自动充电手机

根据压电效应，我们不难产生一个设想：可以用压电材料制造自动充电的手机。比如，如果手机外壳用压电材料制造，那我们拿着它的时候，比如发微信时，手指会给它施加一个压力，压电材料在这个压力下产生电荷，就可以给手机充电了。如图 10-14 所示。

图 10-14　自动充电的手机

甚至，把手机放在桌子上或口袋里的时候，它本身的重力也一直对下表面施加着压力，所以，这种手机随时就可以被充电了。

这种手机的关键是产生的电荷量能不能满足需要。

也可以利用同样的道理，制造自动充电的车辆，包括自行车、汽车甚至火车等，以及自动发电机等。

｜第四节｜
热电材料

一、概念

压电材料能实现机械能和电能的互相转换，热电材料能实现热能和电能的互相转换。具体来说就是：如果对热电材料加热，它就会产生电压或电流；反之，如果给热电材料通电，它会发生吸热或放热现象。人们把这种现象叫作热电效应。如图 10-15 所示。

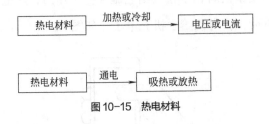

图 10-15　热电材料

二、塞贝克效应

热电效应有不同的类型，它们的特点和应用领域都不一样。

1. 塞贝克效应

1821 年，德国科学家塞贝克发现，把两种金属连接起来，做成一个回路，如果对一个接头进行加热，在回路里就会产生电流。如图 10-16 所示。

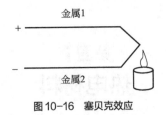

图 10-16　塞贝克效应

人们把这种现象叫作温差电效应或塞贝克效应。

后来，人们发现很多材料具有这种性质，对其中一侧加热时，里面的电子会发生运动，形成电流和电压。

而且人们发现，金属虽然具有这种效应，但是并不明显，也就是产生的电流或电压很微弱。而一些半导体材料的塞贝克效应比较明显，热 - 电转换效率比较高。

2. 塞贝克效应和特种温度计——热电偶

我们对温度计都不陌生，平时我们使用的主要是水银温度计，但是它测量的温度范围有限，不能太高。在有的行业里，比如陶瓷厂、炼钢厂，加热炉的温度经常高达 1000℃左右，甚至更高，那这么高的温度，应该用哪种温度计测量呢？

测量加热炉温度的温度计叫热电偶，它的原理就是利用材料的塞贝克效应测量的：热电偶是用两种材料制造的，它们的熔点都很高，常用的有铂、铑等。把两种金属丝的一端焊接起来，放进加热炉的炉膛里；另一端和炉膛外面的仪表连接，形成一个回路，如图 10-17 所示。

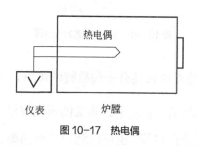

图 10-17 热电偶

由于炉膛里的温度很高，这就相当于对接头加热，所以，这个回路的另外一端会产生电压，而且电压值和炉膛里的温度有一定的比例关系。炉膛外面的仪表先测量出电压值，然后经过计算，可以把炉膛里的温度计算出来，显示在屏幕上。——热电偶就是这样测量高温的。

热电偶可以测量 1700℃的高温，而且，它也能测很低的温度：用金钴合金 - 铜制造的热电偶，可以测量 −269℃的低温。所以，它在一些特殊领域里，有特殊的作用。

3. 塞贝克效应和"嫦娥四号"月球探测器

目前，我国的"嫦娥四号"月球探测器正在月球上进行探测。大家知道它是用什么方法为自己提供能量吗？其中一种方法是利用太阳能，另外，它还使用了一种发电装置，叫半导体温差发电机。

半导体温差发电机就是根据塞贝克效应制造的。这种发电机是用半导体材料制造的，因为半导体材料的塞贝克效应更明显：1℃的温度差能够产生几毫伏的电压。如图 10-18 所示。

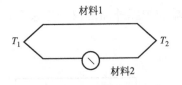

图 10-18　半导体温差发电原理

这种半导体温差发电机具有一些独特的优点，主要包括：

① 它的原理是利用热量发电，热源的形式灵活多样：包括人工热源，如汽油、煤、工业余热等，也可以利用自然热源，如阳光、地热等，自然热源对环境没有污染。

② 它的体积可以很小、重量轻、结构简单，运行时没有噪声。

③ 特别适合用在一些特殊场合和恶劣的环境里，比如太空、海洋、沙漠等地区。安装好之后，基本上能自动运行，不需要进行后期的维护，所以很方便。

典型的应用有：

① 航天器、人造卫星的电源：资料介绍，美国发射的"伽利略"和"旅行者一号"火星探测器就使用了这种装置，正在月球表面进行探测的我国"嫦娥四号"探测器也安装了半导体温差发电机。

② 野外作业：如勘探、军事、航海，可以用它作为便携式电源，进行通信，或者用于照明等。

③ 心脏起搏器：有的心脏起搏器的电源也使用了微型的半导体温差发电机，它完全利用人的体温发电，使用寿命很长，不需要更换，比传统的电池有较大优势。

④ 手机：可以设想，在将来，手机也可以使用这种微型温差发电机，代替目前的电池，它随时随地都在为自己充电。

大家知道，现在的手机是不能在阳光下暴晒的，因为里面的电池容易爆炸。而温差发电机不会有这个问题，而且通过暴晒，它的发电量会更多。

如果晚上手机没电了怎么办呢？这也不难：如果是夏天，把它放在阳台上；如果是冬天，把它放在暖气片上就可以了。

⑤ 余热利用：汽车尾气的温度比较高，将来可以在汽车里安装半导体温差发电机，利用尾气为汽车供电。

另外，一些工厂在生产过程中会排出很多高温的废气、废水、废渣等，现在这种工业余热多数都白白浪费了，如果制造一些温差发电机，就可以把这些余热利用起来，转换成电能。

⑥ 其他设备：将来，其他一些设备中也有可能使用半导体温差发电机，代替现在的化学电池，从而避免它们对环境产生污染。甚至发

电厂也使用这种发电机供电，而不用再烧煤了，这样，温室气体的排放会大大减少，令人讨厌的雾霾也能得到很好的治理。

三、珀尔帖效应

珀尔帖效应也叫第二热电效应，它是法国一位叫珀尔帖的物理学家发现的。

1834 年，珀尔帖发现，把两根导线连接起来，构成一个回路，给回路通电后，两个接头会分别发生吸热和放热现象。如图 10-19 所示。

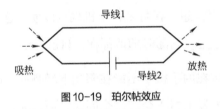

图 10-19　珀尔帖效应

1838 年，俄国一位叫楞次的物理学家把一根铋金属线和一根锑金属线连接起来，在两个接头上蘸了一些水，然后给回路通电。他发现，其中一个接头上的水发生了凝固，变成了冰。然后，他改变电源的正负极，重新给回路通电，发现那个接头上的冰又发生了融化，变成了水。

这样，楞次的实验进一步验证了珀尔帖效应，而且发现吸热和放热具有可逆性。

后来，人们又发现，珀尔帖效应还有一种性质：接头的吸热量和放热量与电流呈正比关系。也就是说，回路里的电流越大，接头的吸热量和放热量也越大。

珀尔帖效应的原理可以这样理解：在导线的两个接头，内部的自由电子数不一样，其中一个接头的自由电子比较多，另一个接头的自由电子比较少。通电后，导线里的自由电子在电场作用下，会从数量较多的一端（比如 A 端）流向数量较少的一端（比如 B 端）。这样，B 端的内能会升高，温度也随之升高，所以就会发生放热现象。而 A 端的内能会减少，温度降低，就会从周围吸收热量，发生吸热现象。如图 10-20 所示。

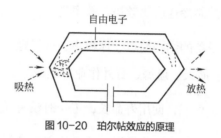

图 10-20　珀尔帖效应的原理

金属的珀尔帖效应比较微弱，而半导体的比较明显。

由于珀尔帖效应使得回路的两端存在温度差，所以，人们经常利用这种效应，制造制冷设备，如图 10-21 所示。

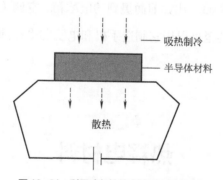

图 10-21　利用珀尔帖效应制造的制冷设备

这种制冷设备具有一些独特的优点，主要包括：

① 我们平时使用的制冷设备如冰箱和空调使用氟利昂作为制冷剂。大家知道，氟利昂对环境有危害，会破坏大气的臭氧层，产生温

室效应等。

而利用珀尔帖效应制造的制冷设备不使用氟利昂等制冷剂，从而能避免它的危害，所以，将来可以利用这种方法制造新型的电冰箱和空调。

② 这种设备对温度的控制更精确，能达到 ±0.1℃。

③ 这种设备的制冷速度比较快、效率高。

④ 这种制冷设备的结构简单、体积小、重量轻，可以制成便携式设备，用于航空、航天、航海、野外作业等领域。

⑤ 性能稳定、可靠，使用寿命长，工作时没有噪声。

这种材料现在的主要缺点是热电转换效率比较低，所以使用成本比较高，在经济上不划算。

目前，这种制冷器主要应用在电子、医疗器械、超导、核物理等一些特殊的领域中。但是，随着技术的进步，可以想象，它的应用范围会扩展到民用领域，比如前面提到的电冰箱、空调（包括家用空调、汽车空调等）。甚至可以用它制造手机和电脑的冷却部件。

— | 第五节 | —
热释电材料

一、概念

热释电材料具有一种性质，叫热释电效应，就是当这种材料的温度发生变化时，它的表面会出现电荷：有的位置出现正电荷，有的位置出现负电荷，如图 10-22 所示。

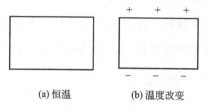

(a) 恒温   (b) 温度改变

图 10-22　热释电效应

　　这种材料和上一节提到的热电材料不一样，热电材料是由两种材料构成的回路，如果两个接头温度不同，回路里会产生电流。热释电材料本身是一种材料，在某个温度时，它表面的电荷处于平衡状态；当温度发生变化后，电荷会失去平衡，表面就产生额外的电荷。

二、应用

1. 电气石

　　电气石也叫托玛琳，它是一种矿物，也是一种天然的热释电材料。它除了具有热释电效应外，还会发出远红外线。远红外线对人体具有一定的医疗保健作用，所以，人们开发了很多相关的产品，有的汗蒸房里铺设了一些电气石，有的产品中加入了电气石粉末，比如床垫、护膝、鞋垫、袜子等，让它们具有发射远红外线的功能。

2. 热释电传感器

　　目前，热释电材料最重要的应用是制造热释电传感器，这种传感器可以用于制造红外探测器、红外摄像管等产品。它们的原理是：在夜间，很多物体不能被人眼发现，但是，这些物体表面的温度经常不一样，所以会向外发射不同强度的红外线。红外探测器里的热释电传感器接收到这些红外线后，温度会发生变化，按照热释电效应，表面会产生电荷，也就是产生电信号。这些电信号经过处理后，就可以形成图像了。如图 10-23 所示。

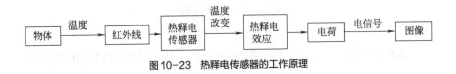

图 10-23　热释电传感器的工作原理

这种技术具有灵敏度高、图像清晰度高、响应速度快等优点。所以在很多领域都有应用：

① 在军事方面，可以制造夜视器材。

② 在民用领域，它可以起到夜间防盗、防火等作用。

③ 可以进行非接触式温度测量。比如，对发热的病人，为了防止传染给医务人员，可以使用红外测温器测量患者的体温：用测温器对着他的额头，他的额头发射的红外线被测温器里的热释电传感器接收后，热释电材料的温度发生变化，产生电信号，电信号经过处理后，形成图像。额头的温度不同，发射的红外线的强度也不同，最后得到的图像的颜色也不同，所以就可以判断他的体温了。

与此类似，在工业领域，有时候需要测量一些高温设备的温度，由于人员不能靠近，就可以用红外测温器进行测量。

另外，热释电传感器还用于遥测、自动控制、航空航天、激光等很多领域中。

3.手机自动充电

将来，也可以利用热释电材料制造手机，因为手机的温度经常发生变化，所以，它就会产生电荷，为手机充电。

当然，目前的热释电材料存在的一个比较大的问题是：它们的热电转换效率还比较低，产生的电荷比较少。

4.在生物技术中的应用

人们发现，生物体也存在热释电效应，所以人们预测，将来这种效应在生物技术中也具有潜在的应用价值，包括医疗保健、农业、林业、畜牧业、渔业等领域。

在生命科学研究中，热释电效应也有可能起到重要作用，比如近几年兴起的脑科学，人们能够借助热释电效应理解一些生命现象，如思维、记忆、做梦等，如图 10-24 所示。

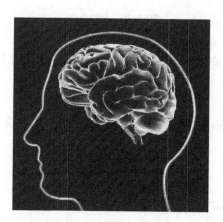

图 10-24　热释电效应与脑科学

另外，也可以利用这种效应，阐明一些疾病的病因，并据此开发新型的治疗方法。

— | 第六节 | —
光电材料

一、概念

光电材料受到光线的照射后，电性能会发生改变，比如有的导电性改变了，有的会产生电压或电流，还有的会释放出电子。这些性质统称为光电效应，如图 10-25 所示。

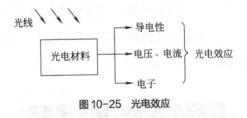

图 10-25　光电效应

产生光电效应的原因，主要是光子和材料内部的电子发生相互作用。

光电效应可以分为两种：外光电效应和内光电效应。下面分别进行介绍。

二、外光电效应

1.概念

外光电效应也叫光电发射效应，指有的材料受到光线照射后，表面会向外界释放电子，人们把这种电子称为光电子，如图 10-26 所示。

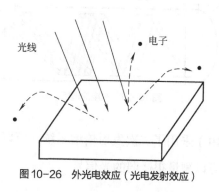

图 10-26 外光电效应（光电发射效应）

2. 原因

人们认为，材料的外光电效应是由于材料的内能发生变化引起的。因为光线具有一定的能量，材料受到光线照射后，会吸收光线的能量，这样，内部的电子的能量会升高，活动能力增强，有的电子就会脱离材料的束缚，释放到外面。

3. 应用——光电倍增管

光电倍增管是根据外光电效应制造的一种电子器件，它的特点是可以测量很微弱的光信号。

光电倍增管由阴极、聚焦电极、电子倍增极、电子收集极（阳极）等组成，结构如图 10-27 所示。

当探测对象发出的光线照射到阴极时，阴极受到激发，会产生光电子，光电子在聚焦电极和电子倍增极的作用下，得到倍增放大，最后被阳极收集起来，形成输出信号。

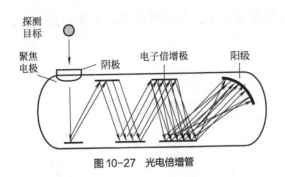

图 10-27 光电倍增管

光电倍增管由于采用了二次发射倍增系统，所以灵敏度比普通的光电管高得多，可以测量很微弱的光信号。

另外，光电倍增管的响应速度很快，而且成本也不高。

光电倍增管在光学测量和生化分析仪器中应用很广泛，比如分光光度计、色度计、荧光光谱仪等仪器里都使用它。应用领域包括天体测量、化学发光、生物发光、化学成分分析等方面的测量和研究。

比如，在天体测量领域，有的天体距离地球特别远，发射的光线十分微弱，普通的仪器不能测量，但是，使用光电倍增管就可以测量这种天体。

日本科学家小柴昌俊探测宇宙中微子使用的探测器里，就安装了1万多个世界最大的20英寸光电倍增管，最终获得了2002年诺贝尔物理学奖。

三、光电导效应

1. 概念

光电导效应也叫光敏效应，属于一种内光电效应，指有的材料受到光线照射后，导电性会提高。如图 10-28 所示。

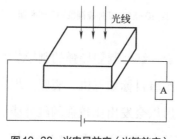

图10-28 光电导效应（光敏效应）

2. 机理

材料发生光电导效应是因为，当光线照射到这种材料后，材料吸收了光子的能量，使材料内部出现了自由电子和空穴，它们会使材料的导电性提高。

3. 应用

人们经常把具有光电导效应的材料叫作光敏电阻，因为这种电阻的阻值对光线很敏感。

很多光检测和自动控制设备里都使用了光敏电阻，包括夜视仪、导弹制导、复印机、扫描仪、投影仪、光电自动门、光电鼠标、应急自动照明、烟雾火灾报警装置、心电图仪等。下面介绍几个具体的例子。

（1）红外夜视仪 军事上使用的红外夜视仪的核心部件是红外光电导探测器，它可以接收物体发出的红外线。在红外线的照射下，它的导电性会发生变化，产生电信号，电信号的强度和红外线的强度成正比；然后，电信号经过处理，成为图像，显示在屏幕上。如图10-29 所示。

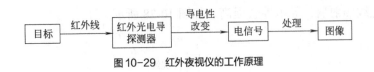

图10-29 红外夜视仪的工作原理

（2）导弹制导装置　红外制导导弹的制导装置里有一个红外光电导摄像管。由于很多军事目标如飞机、舰船、坦克等都有发动机，发动机的温度比较高，所以会发出比较强的红外线。红外线照射到红外光电导摄像管后，它的电阻率是一个确定的数值，当目标移动后，摄像管接收到的红外线的强度会发生变化，使里面的光电导材料的电阻率发生变化，摄像管把这个变化传输给导弹的控制系统，导弹的控制系统就会驱动导弹调整飞行方向，直到接收到的红外线与原来一致为止。这样，导弹就会始终瞄准目标了。

（3）静电复印　静电复印机是一种很常用的办公设备，平时，我们经常用复印机复印资料，实际上，它也是利用了材料的光电导效应制造的。

静电复印机的核心部件叫硒鼓，它是一个圆柱体，可以旋转，表面镀了一层半导体硒，硒是一种光电导材料。没有光线照射时，该材料是绝缘体；当受到光线照射时，会变成导体。

复印资料时，首先打开电源，硒鼓的表面会带上正电荷。这时候，没有光线照射，硒是绝缘体，硒鼓表面的正电荷分布很均匀。

然后，光学系统会照射稿件，稿件上的空白部分会把光线反射到硒鼓的表面，而文字是黑色的，不会反射光线。这样，被光线照射的那部分半导体硒就变成了导体，上面的正电荷就会消失。而稿件上的字迹或图像不会反射光线，所以，那部分硒鼓表面的硒仍旧是绝缘体，表面的正电荷仍旧保留着，而且分布形状和字迹或图案都一样，所以，这相当于在硒鼓的表面上，形成了字迹或图案的图像，这种图像叫静电潜像。

然后，在硒鼓表面的静电场作用下，带负电的墨粉被带正电的静电潜像吸引到硒鼓表面，就形成了字迹或图案的图像。

接着，带正电的转印电极使复印纸的背面带上正电荷，送纸装置把复印纸的正面贴在硒鼓的表面，硒鼓表面带负电荷的墨粉就被吸附到了复印纸上。然后，复印纸与硒鼓分离，进入定影区。在定影区，加热装置对复印纸进行加热，墨粉会发生熔化，牢固地黏附在复印纸的表面，有一部分甚至会浸入复印纸的内部，从而形成牢固的字迹或图像。

最后，复印机里的清洁装置清除硒鼓表面残留的墨粉和电荷，准备复印下一页。

整个静电复印流程如图 10-30 所示。

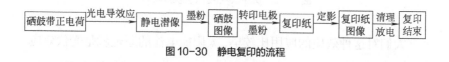

图 10-30 静电复印的流程

（4）光电鼠标 我们平时使用的光电鼠标也利用了光电导效应：光电鼠标的核心部件是光敏电阻传感器，它的电阻值会随光照的强度发生变化。

光电鼠标的内部有一个发光二极管，它能发出很强的光线，我们都能看到。光线会照亮鼠标垫，鼠标垫会反射回一部分光线，反射光线传输到光敏电阻传感器上。反射光线的强度不同，光敏电阻的电阻值也不同，光敏电阻传感器会把接收到的光信号转换为电信号。这样，鼠标发生移动时，移动轨迹就会被检测到，包括移动方向和距离等，然后通过分析、处理，就可以控制光标在屏幕上的位置，完成对光标的定位。

四、光生伏特效应

光生伏特效应简称为光伏效应，指有的材料受到光线照射时，表面会产生电动势的现象。如图 10-31 所示。

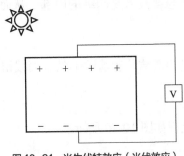

图 10-31　光生伏特效应（光伏效应）

人们对这种效应的应用比较早，太阳能电池的原理就是光伏效应。很早以前，人造卫星等航天器上就使用太阳能电池进行供电了。

近年来，光伏效应的应用越来越普遍，很多人都在使用它。比如太阳能热水器、太阳能路灯、太阳能汽车等。还有一些企业试图进行光伏发电，取代传统的燃煤发电。

目前，光伏技术仍存在一些缺陷，需要进行改进和完善。最典型的就是对太阳光的吸收效率。比如，楼顶上安装的太阳能热水器，它接收的阳光只限于它自己的面积那么大，即使周围的阳光再充足，它也不能利用。

对这个问题，现在人们采取的解决办法就是尽量增加太阳能电池板的面积，比如，一些太阳能汽车的车顶上装着很大的一块电池板，有的楼顶上也装满了电池板。有的地区在一大片平地上或山坡上装满了太阳能电池板，场面蔚为壮观。

显而易见，这种做法占用了较多的土地面积，设备本身的成本、安装成本以及日常维护的成本都相当高。

对此，笔者想了一个办法——现在看起来有点异想天开：研制一种能吸收太阳光的材料，可以把它叫作"吸光石"，就像"吸铁石"一样，它能把周围的阳光都吸过来！

如果这种"吸光石"的性能足够好，可能只需要拳头大的一块，就可以把周围几公里的阳光都吸引过来。

—— | **第七节** | ——
发展趋势

经过多年的发展，释电材料在基础研究和产业化应用方面都取得了显著进展，如压电材料、热电材料、光电材料等在一些产品中起到了核心作用，极大地促进了相关产业的发展和进步。

目前,在有的方面,释电材料的性能仍有待提高,主要包括以下几项。

一、电荷的释放量

多数释电材料都涉及电荷的释放量的问题。比如，对压电材料来说，施加一定的压力时，产生的电荷数量能否进一步提高？对热电材料来说，在一定的温差下，释放的电荷量能否提高？这个问题对产业化应用很重要，人们希望材料释放尽可能多的电荷，提供足够的能量。所以，对释电材料来说，这是一个重要的研究方向。

二、释电的灵敏度

和上一个问题类似，多数释电材料也涉及灵敏度问题。比如，对压电材料，让它释放一定数量的电荷需要多大的压力？对热电材料，释放一定的电荷需要加热到多高的温度？

一般情况下，人们希望材料的灵敏度尽量高，从而能够提高能量转换效率。

三、开发新型的材料体系

为了解决上述问题，同时，为了解决现有的释电材料存在的问题，比如力学性能较低、加工性较差、成本较高等，目前，研究者在开发新型的材料体系，主要方向包括：

① 有更好的释电性能。

② 成本较低。不含稀有、贵重元素。

③ 有较高的强度和韧性，不容易破坏。

④ 容易加工成特定的形状。

⑤ 环境友好，不含有毒、有害的成分。

参考文献

[1] 江洪, 王微, 王辉, 等. 国内外智能材料发展状况分析. 新材料产业, 2014, (5): 2-9.

[2] 张金升, 尹衍升, 李嘉, 等. 智能材料的结构和性能综述. 中国陶瓷, 2003, 39 (2): 41-46.

[3] 余海湖, 赵愚, 姜德生. 智能材料与结构的研究及应用. 武汉理工大学学报, 2001, 23 (11): 37-42.

[4] 董天宇. 形状记忆合金及其应用. 世界有色金属, 2018, 9: 196-198.

[5] 贺志荣, 周超, 刘琳, 等. 形状记忆合金及其应用研究进展. 铸造技术, 2017, 38 (2): 257-261.

[6] 吴佩泽, 贺志荣, 刘康凯, 等. TiNi基形状记忆合金合金化研究进展. 铸造技术, 2017, 38 (12): 2791-2795.

[7] 张苇. 形状记忆合金及其应用. 材料导报, 1995 (4): 27-31.

[8] 蒋建军, 胡毅, 陈星, 等. 形状记忆智能复合材料的发展与应用. 材料工程, 2018, 46 (8): 1-13.

[9] 王美庆, 应三九, 王倡春. 化学响应型形状记忆材料的研究进展. 中国材料进展, 2018, 37 (5): 379-386.

[10] 王刚, 史新妍. 聚合物形状记忆材料的研究进展. 高分子通报, 2016, 6: 23-30.

[11] 荣启光. 陶瓷形状记忆效应的研究进展. 功能材料, 1996, 27 (6): 487-490.

[12] 钟莲云, 吴伯麟. 氧化铝陶瓷的形状记忆效应机理的探讨. 中国陶瓷, 2013, 49 (2): 14-17.

[13] 王恩亮, 董余兵. 形状记忆聚合物复合材料研究进展. 浙江理工大学学报 (自然科学版), 2018, 39 (1): 31-36.

[14] 赵建宝, 吴雪莲, 戈晓岚, 等. 形状记忆聚合物及其应用前景. 材料导报, 2015, 29 (11): 75-80.

[15] 江雷. 从自然到仿生的超疏水纳米界面材料. 科技导报, 2005, 23 (2): 4-8.

[16] 李欢军, 王贤宝, 宋延林, 等. 超疏水多孔阵列碳纳米管薄膜. 高等学校化学学报, 2001, 22 (5): 759-761.

[17] 高雪峰, 江雷. 天然超疏水生物表面研究的新进展. 物理, 2006, 35 (7): 559-564.

[18] 王丽芳, 赵勇, 江雷, 等. 静电纺丝制备超疏水TiO$_2$纳米纤维网膜. 高等学校

化学学报, 2009, 30(4): 731-734.

[19] 邱宇辰, 刘克松, 江雷. 花生叶表面的高黏附超疏水特性研究及其仿生制备. 中国科学: 化学, 2011, 41(2): 403-408.

[20] 江雷. 光控浸润和变色双响应的氧化钨薄膜. 中国基础科学, 2007, 3: 22-23.

[21] 周子凡, 梁广业. 自清洁表面材料的制备. 广东化工, 2017, 44(16): 31-62.

[22] 吴雅露, 李光吉, 刘云鸿, 等. 两性离子自组装仿生表面的制备、表征及抗黏附性能. 高等学校化学学报, 2014, 35(7): 1484-1491.

[23] 刘太奇, 操彬彬, 王晨. 纳米TiO$_2$自清洁材料的研究进展. 新技术新工艺, 2010, 10: 73-76.

[24] 吴向阳, 李朝顺, 崔辉仙, 等. 纳米TiO$_2$光催化材料的自清洁特性及其应用. 全国卫生产业企业管理协会抗菌产业分会会议论文集, 2002: 92-98.

[25] 牛丽红, 邓利. 自修复材料应用研究进展. 合成树脂及塑料, 2017, 34(4): 85-89.

[26] 李元杰, 律徽波, 孟宪铎. 微胶囊自修复聚合物材料的研究进展. 工程塑料应用, 2005, 33(1): 68-70.

[27] 沈伟 赵博文, 刘佳莉. 自修复高分子材料研究进展. 工程塑料应用, 2018, 46(2): 128-131.

[28] 张斌, 蒋智杰, 阎昌春, 等. 纳米金刚瓷自修复材料节能延寿效果试验分析. 轴承, 2018, 7: 36-39.

[29] 张宇帆, 明耀强, 曾卓, 等. 自修复材料中自修复体系研究进展. 广东化工, 2015, 42(14): 89-103.

[30] 晁小练, 杨祖培, 杜宗罡, 等. 自修复技术及自修复复合材料. 塑料科技, 2006, 34(1): 55-62.

[31] 李海燕, 张丽冰, 李杰, 等. 外援型自修复聚合物材料研究进展. 化工进展, 2014, 33(1): 133-140.

[32] 菅瑞雄, 张伟, 李兴林, 等. 金属抗磨自修复材料对球轴承寿命的影响. 轴承, 2011, 10: 31-36.

[33] 周天澍, 裴建中, 李蕊. 光激发路用自修复材料的制备与表征. 合成材料老化与应用, 2015, 44(2): 45-50.

[34] 王丽, 王新灵. Diels-Alder反应在自修复聚合物材料中的研究进展. 功能高分子学报, 2014, 27(4): 453-463.

[35] 欧忠文, 徐滨士, 马世宁, 等. 磨损部件自修复原理与纳米润滑材料的自修复

设计构思. 表面技术, 2001, 30 (6): 47-50.

[36] 曹俊萍. 自修复混凝土材料的研究与发展. 建筑工程技术与设计, 2017, 7: 3986.

[37] 靳永利, 张纵圆. 阻燃材料的发展现状与趋势浅析. 石化技术, 2016, 11: 218-219.

[38] 鞠洪波. 阻燃材料发展现状与趋势分析. 绿色科技, 2011, 11: 136-138.

[39] 林勇. 无卤阻燃材料的研究进展. 中国高新技术企业, 2010, 21: 26-28.

[40] 陈红光, 颜龙, 徐志胜, 等. 纳米 α -Fe_2O_3 协同膨胀阻燃EP材料的阻燃和抑烟性能. 工程塑料应用, 2017, 45 (12): 12-19.

[41] 汤成, 李松, 颜红侠, 等. 纳米阻燃剂阻燃高分子材料的应用与研究进展. 中国塑料, 2017, 31 (6): 1-7.

[42] 王玉忠, 陈力. 新型阻燃材料. 新型工业化, 2016, 6 (1): 38-61.

[43] 薛宝霞, 牛梅, 李京京, 等. MWNTs/CMSs/PET阻燃材料的结构及阻燃机理. 材料研究学报, 2016, 30 (8): 581-588.

[44] 陈南, 钟贵林, 张国峰. 石墨烯在聚合物阻燃材料中的应用及作用机理. 应用化学, 2018, 35 (3): 307-316.

[45] 程浩南. 相变调温材料在纺织领域中的发展及应用. 化纤与纺织技术, 2017, 46 (4): 36-40.

[46] 彭莹, 王忠, 陈立贵, 等. 有机固-固相变储能材料的研究进展. 广州化工, 2013, 41 (17): 13-16.

[47] 李军, 赵肃清, 朱冬生. 以沸石13X 和$CaCl_2$组成的复合吸附储能材料. 材料导报, 2005, 19 (8): 109-111.

[48] 陈中华, 张正国, 瞿金平. 有机/无机纳米复合相变储能材料的制备. 功能材料 (增刊), 2001, 10: 1228-1230.

[49] 叶青, 张泽南. 建筑调温材料的研究与开发. 新型建筑材料, 1995, 5: 18-19.

[50] 彭犇, 岳昌盛, 邱桂博, 等. 相变储能材料的最新研究进展与应用. 材料导报, 2018, 32 (31): 248-252.

[51] 孟令然, 郭立江, 李晓禹, 等. 水合盐相变储能材料的研究进展. 储能科学与技术, 2017, 6 (4): 623-632.

[52] 傅一波, 王冬梅, 朱宏. 低温相变储能材料研究进展及其应用. 材料导报, 2016, 30 (28): 222-226.

[53] 莫友彬, 余慧群, 廖艳芳, 等. 石蜡相变储能材料的设计研究进展. 现代化工,

2016, 36（8）：50-54.

[54] 魏艳玲, 徐玲玲, 刘明帝. 颗粒相变储能材料的研究进展. 材料导报, 2011, 25（17）：312-315.

[55] 刘良珍. 无机相变储能材料的研究进展及应用. 陶瓷科学与艺术, 2011, 2：4-5.

[56] 于建香, 刘太奇, 甘露. 微胶囊相变储能材料研究及应用进展评述. 新技术新工艺, 2010, 7：90-93.

[57] 张鑫林, 蒋达华, 廖绍璠, 等. 矿物基载体功能材料调温调湿性能研究进展. 应用化工, 2019, 48（3）：662-667

[58] 崔艳琦. 相变控温调湿建筑复合材料的研究进展. 化工学报, 2018, 69（S1）：1-7.

[59] 胡明玉, 刘章君, 柯书俊, 等. 无机改性掺和料对沸石调湿材料性能的影响. 建筑材料学报, 2018, 21（5）：791-796.

[60] 文进, 林元哲, 韩成赫, 等. SiO_2纳米多孔调湿材料的制备与表征. 合成技术及应用, 2017, 2：18-21.

[61] 马明明, 张伟. 硅藻土基调湿建筑材料的制备与表征. 新型建筑材料, 2017, 12：86-89.

[62] 胡明玉, 付超, 吴琼, 等. 海泡石黏土建筑调湿材料的性能及机理研究. 建筑材料学报, 2018, 21（3）：408-414.

[63] 张珂峰, 沈强儒. 聚丙烯酸钠/沸石复合调湿材料的制备. 合成树脂及塑料, 2017, 34（6）：46-49.

[64] 邓妮, 武双磊, 陈胡星. 调湿材料的研究概述. 材料导报, 2013, 27（22）：368-371.

[65] 尚建丽, 张浩, 董莉. 石膏基双壳微纳米相变胶囊复合材料制备及调温调湿性能研究. 太阳能学报, 2016, 37（6）：1481-1487.

[66] 李鑫, 李慧玲, 冯伟洪. 不同吸湿官能团对高分子调湿材料吸湿和放湿性能的影响. 中南大学学报（自然科学版）, 2011, 42（1）：28-32.

[67] 闫全智, 贾春霞, 冯寅烁, 等. 被动式绿色调湿材料研究进展. 建筑节能, 2010, 38（12）：41-42.

[68] 范菲. 光致变色材料在纺织中的应用. 棉纺织技术, 2016, 44（12）：80-84.

[69] 焦国豪, 杨辉, 余爱民, 等. 无机光致变色材料研究进展. 陶瓷, 2014, 7：49-54.

[70] 梁小蕊, 张勇, 张立春. 可逆热致变色材料的变色机理及应用. 化学工程师,

2009, 5: 56-59.

[71] 徐栋, 陈宏书, 王结良. 变色材料的研究进展. 兵器材料科学与工程, 2011, 34 (3): 87-91.

[72] 沈庆月, 陆春华, 许仲梓. 电致变色材料的变色机理及其研究进展. 材料导报, 2007, 21 (Ⅷ): 284-289.

[73] 张凤, 管萍, 胡小玲. 有机可逆热致变色材料的变色机理及应用进展. 材料导报, 2012, 26 (5): 76-80.

[74] 陈红云, 章洛汗, 胡仲禹. 光致变色荧光开关材料的研究进展. 化工新型材料, 2013, 41 (10): 28-30.

[75] 张澍声. 可逆热致变色材料. 染料工业, 2002, 39 (6): 16-18.

[76] 董子尧, 李昕. 电致变色材料、器件及应用研究进展. 材料导报, 2012, 26 (7): 50-57.

[77] 沈庆月, 陆春华, 许仲梓. 光致变色材料的研究与应用. 材料导报, 2005, 19 (10): 31-35.

[78] 李天文, 刘鸿生. 变色材料的研究与应用. 现代化工, 2004, 24 (2): 62-65.

[79] 鲁手涛, 徐海荣, 刘黎明, 等. 聚己内酯药物控释材料的研究进展. 合成树脂及塑料, 2018, 35 (4): 94-98.

[80] 张志斌, 唐昌伟, 陈慧清, 等. 药用高分子材料智能控释系统的研究. 生物医学工程学杂志, 2006, 23 (1): 205-208.

[81] 陈宏坤, 徐广飞, 高璐阳, 等. 缓控释肥包膜材料的研究进展. 磷肥与复肥, 2016, 31 (12): 19-21.

[82] 陈瑶. 高分子药用控释及缓释载体材料特点及在高血压治疗中的应用. 中国组织工程研究, 2016, 20 (43): 6530-6536.

[83] 李丹, 付免, 钱海, 等. 苯硼酸类糖敏感材料在胰岛素控释系统中的应用. 中国药科大学学报, 2017, 48 (3): 259-267.

[84] 刘海林, 樊小林. 聚氨酯/氧化锌复合控释材料对包膜尿素控释性能的影响. 现代化工, 2014, 34 (10): 109-111.

[85] 《中国组织工程研究与临床康复》杂志社学术部. 缓释、控释药用高分子材料的临床应用. 中国组织工程研究与临床康复, 2011, 15 (51): 9641-9642.

[86] 郭培俊. 控释肥料包膜材料的研究进展. 广东化工, 2015, 42 (6): 118-119.

[87] 景旭东, 林海琳, 阎杰. 新型缓释/控释肥包膜材料的研究与展望. 安徽农业科学, 2015, 43 (2): 139-141.

[88] 梁良, 胡小玲, 西珊, 等. 高分子缓、控释材料的研究进展. 化学与黏合, 2010, 32(6): 55-59.

[89] 邱成军, 王元化, 曲伟. 材料物理性能: 第3版. 哈尔滨: 哈尔滨工业大学出版社, 2009.

[90] 朱秀, 许桂生, 刘锦峰. 无铅压电材料的研究进展. 中国材料进展, 2017, 36(4): 279-288.

[91] 温建强, 章力旺. 压电材料的研究新进展. 应用声学, 2013, 32(5): 413-418.

[92] 张卫珂, 张敏, 尹衍升, 等. 材料的压电性及压电陶瓷的应用. 现代技术陶瓷, 2005, 1: 38-41.

[93] 杜斌, 张铭霞, 李伶, 等. 压电复合材料研究现状. 现代技术陶瓷, 2013, 6: 16-19.

[94] 王美涵, 王新宇, 雷浩, 等. 传统合金型热电材料研究进展. 人工晶体学报, 2017, 46(10): 2067-2073.

[95] 周强, 梁蓓, 邹四凤, 等. 热电材料的研究进展. 电子科技, 2015, 28(5): 172-178.

[96] 张效华, 辛凤, 胡跃辉, 等. 几种电子陶瓷材料的研究进展与应用前景. 陶瓷学报, 2013, 34(2): 219-223.

[97] 王继扬, 吴以成. 光电功能晶体材料研究进展. 中国材料进展, 2010, 29(10): 1-15.

[98] 祝成波, 刘维平. 电子陶瓷材料发展现状与开发趋势. 现代技术陶瓷, 2006, 1: 35-39.

[99] 董琛, 韩修训, 孙文华, 等. GaInAsN光伏材料的研究进展. 材料导报, 2016, 30(8): 19-24.